序

初歩のプラスチックは1957年（昭和32年）に初版が出版され、すでに半世紀以上の歴史を有しています。この間、版毎の改訂の他、書き直しを含む全面改訂及び執筆者の交代が数回にわたり行われてきました。日本の高度成長とともに歩んで来たといえます。

本書はプラスチック産業に携わる方々の入門書として刊行され、ロングベストセラーを続けています。本書の内容が重要事項及び最新の情報を網羅し、さらに容易にプラスチックの全貌が理解できることを目標として改訂を重ねてきたからこそ長年にわたって版を重ねて来られたのだと思います。

今回の新版刊行に際しても、化学式や数式を使用しないでプラスチックの性質が分かるように記述し、できるだけ写真や図表を用いています。巻末には種類が多く分かりづらい用語を「プラスチックの略語」「その他、プラスチック産業で良く使われる用語、単位の略語」「おもなプラスチック用語の解説」として一覧表にしてあります。「プラスチックの性質と加工条件」も表にまとめてあるので各プラスチックの比較が容易になるでしょう。また、各材料及び機械メーカーの表は、最近、合弁・合併が多く行われているので、お役立て頂けると思います。

プラスチックの基礎知識を得られる本書をご活用いただければ幸いです。

さらにプラスチックを勉強したい方は、初めは会社にある成形機や付帯設備などの取扱説明書を読むことをお勧めします。その後はプラスチック工場系マンガをはじめプラスチック専門図書を多数出版している三光出版社などの書籍があります。大手書店やインターネット検索などで調べて自分にあった書籍をお選び頂き、知識を深めて下さい。知識が深くなるともっとプラスチックが楽しくなってきます。

ようこそ、プラスチックの世界へ!!

2021年12月

編集部

初歩のプラスチック 新版

……はじめてプラスチックを学ぶ人のために……

目　次

初歩のプラスチック 新版

はじめてプラスチックを学ぶ人のために

フィルム折幅 mm
0600
フィルム厚み μ
0020
プラスチックフィルムは
新たな時代へ
WEBサイトをリニューアルしました
弊社の想い・強み・製品の魅力などを
オンラインでも見やすく・解りやすく
お伝えすべく、製品の写真から
デザインまで一新致しました
ぜひご覧頂けましたら幸いです
https://tomi-kikai.com
トミー機械工業
50年以上の実績と
独自の技術力
INTEGRATED SYSTEM
設計から製造まで
一貫した生産体制

1 現代は「プラスチックの時代」

現在、私達の身のまわりの物のほとんどにプラスチックが使われています。プラスチックには多くの種類のものがあり、それぞれに固有の性質を持っているので、それを用途に応じてうまく使い分け、利用することでいろいろな製品を作ることができます。

ひと昔前まで、プラスチックは金属、陶磁、ガラス、木など従来古くから使われてきた材料の代用品のような見方をされてきました。しかし、プラスチックが持っている数多くの優れた性質（軽い、加工が簡単で量産性に富む、耐絶縁性や耐食性に優れる、価格が安い：これら性質はプラスチックの種類によって異なる）によって、全産業分野で幅広く使用され、代用品どころか、プラスチックを抜きにしては現代社会は全く成り立っていかないといっても言い過ぎではありません。

携帯電話などの通信機器、コンピュータ、テレビ、各種の家庭用電子・電気機器などはプラスチックの恩恵を最も多く受けている製品です。自動車、船舶、航空機、鉄道車両などでもプラスチックが活躍しています。自動車部品としては大きなものではダッシュボード、バンパー、ルーフなど、中・小型部品では照明カバー、バックミラー、ハンドル、天井などの内・外装部分などに使われています。

家庭で日常的に使われているボトル類、パッケージ材料、食器、容器、洗面器やバケツ、灯油缶、洗面台、バスタブ、雨樋いやサイジング板などの建築材料、水道管やガス管等々、数えだしたらきりがありません。

人命をあずかる医療関係機器や用具にも多くのプラスチックが使われています。各種カテーテル、輸液バッグ、内視鏡部品、CTやMRI機器、注射器、人工腎臓や人工心肺、人工臓器、人工骨などありとあらゆる医療分野でプラスチックが活躍、今後の医療技術の進歩におけるプラスチックの役割はますます大きなものになります。

当たり前のように使われ、普段はほとんど意識もしないで使っているプラスチックのパッケージひとつをとっても、食品などの内容物の鮮度の保持、輸送の簡便化、末端での食品販売の合理化、長期保存化、レトルト食品など一般家庭での調理の簡便化など、現代生活とは切っても切れないものになっています。

2 低いプラスチックの認知度

「20世紀最大の発明」だとか「現代の消費社会を素材レベルで分解すれば、主役は間違いなくプラスチックだろう」などといわれながら、一般の世の中におけるプラスチックの認知度はまだかなり低いといわざるを得ません。いまだに新聞の記事などで「ビニールやプラスチック……」などという表現が見受けられます。この表現は「鉄や金属……」という表現と同じですが、「鉄や金属……」といった場合には誰でもその誤りに気付くはずです。

プラスチックの認知度が低いのは、プラスチックの歴史がまだ浅いためだと言っていいでしょう。金属や木材などは数千年以上の歴史を持っていますが、プラスチックは誕生してからたかだか百年の歴史しか持っていません。

金、銀、鉄、銅、錫、鉛などの総称が「金属」で、杉、松、檜、桐などの総称が「木」であるのと同様に「プラスチック」というのは総称で、プラスチックの中にポリエチレンやポリプロピレン、ポリ塩化ビニル、ポリスチレン、PETボトルでおなじみのポリエチレンテレフタレートなどの数多くの種類が含まれています。

プラスチックの種数は非常に多く、基本的なものだけでも20余種あります。用途に応じた種々の性質を得るために、数種のプラスチックを混合させたり、特殊な材料を配合して元のプラスチックを変性させたものなども数多くあり、そうしたものも含めると130種類近くのものが知られています。

3 プラスチックの歴史

プラスチックが初めて工業生産されるようになったのは1901年で、セルロイドという名称で有名な、ニトロセルロースをしょうのう（樟脳）で可塑化したものがアメリカで作られました。日本でも第２次大戦以前には三角定規、分度器、鉛筆入れ、下敷きなどの文具や玩具の材料として広く使われました。セルロイドに続いて工業化されたプラスチックはフェノール樹脂で、それ以降次々と新しいプラスチックが生産されるようになりました。

プラスチックというものがそれまでに無かった材料なので、当初は「合成樹脂」と呼ばれていました。これは、フェノール樹脂が、天然の樹脂であるシェラックの代わりに、塗料として使われたことから天然樹脂に対して合成樹脂と呼ばれるようになったといわれています。

表3.1 プラスチックの工業化の時期

プラスチック名	工業化の年代	
	日　本	外　国
セルロイド	1910	1901（アメリカ）
フェノール樹脂	1914	1909（　〃　）
ユリア樹脂	1929	1920（ドイツ）
セルロースアセテート	1933	1917（イギリス）
ポリメタクリル酸メチル	1938	1934（ドイツ）
ポリ塩化ビニル	1941	1933（　〃　）
ポリスチレン	1941	1930（　〃　）
ポリアミド	1943	1941（アメリカ）
メラミン樹脂	1943	1938（　〃　）
ポリエチレン	1958	1939（イギリス）
ポリカーボネート	1961	1958（アメリカ・ドイツ）
ポリプロピレン	1962	1958（イタリア）
ポリアセタール	1968	1950（アメリカ）

4 プラスチックとは

前章で述べたようにプラスチックは合成樹脂と呼ばれたり、簡単に樹脂と呼ばれたりすることがありますが、日本工業規格（JIS K 6900「プラスチック用語」）では、次のように規定しています。

【プラスチック】高分子物質（合成樹脂が大部分である）を主原料として人工的に有用な形状に形づくられた固体である。ただし、繊維・ゴム・塗料・接着剤などは除外される。

【合成樹脂】合成によって作られた高分子物質で、プラスチック、塗料、接着剤などの主原料である。熱硬化性樹脂と熱可塑性樹脂に大別される。これに対して植物または動物から得られた樹脂状物質を天然樹脂という。

【高分子】分子量の大きい（たとえば1万以上）化合物で、物性に対する分子量の影響が比較的小さいものをいう。天然高分子と合成高分子に分けられる。

以上のように規定されているもののプラスチックと合成樹脂の区別について簡単に説明するのはむずかしく、一般的には合成樹脂とプラスチックを同義語と考えても大きな間違いとはいえないでしょう。

日本工業規格の【合成樹脂】の項で、「合成樹脂は熱硬化性樹脂と熱可塑性樹脂に大別される」と説明していますが、これは合成樹脂の加工法あるいは用途のうえで非常に大切な区別です。本書では、熱硬化性樹脂＝熱硬化性プラスチック、熱可塑性樹脂＝熱可塑性プラスチックとして説明します。

熱可塑性プラスチックは、常温あるいはそれよりやや高い温度では固体を保っていますが、温度を上げていくと溶けて軟化して流動状態になり、冷えて温度が下がるともとの固体にもどります。再び温度を上げていくと流動状態になり、冷えると固まり、こうしたことを繰返し行うことができます。熱可塑性プラスチックは加熱によって化学構造が変化しないプラスチックです。この熱可塑性プラスチックには主なプラスチックの大部分のものが属しており、代表的なものとしてはポリエチレン、ポリプロピレン、ポリスチレン、ポリ塩化ビニル、ポリメタクリル酸メチル、ポリカーボネート、ポリアミド、アクリロニトリル・ブタジエン・スチレンプラスチック

(ABS) などがあります。

熱硬化性プラスチックは、熱可塑性プラスチックと同様に加熱すると溶融しますが、加熱を続けると化学構造が変って硬化します。一度硬化した熱硬化性プラスチックは、再度加熱しても溶けません。熱硬化性プラスチックにはフェノール樹脂、ユリア樹脂、メラミン樹脂などが属しており、このほかに、２種以上の材料を反応させて作る不飽和ポリエステル樹脂やエポキシ樹脂、シリコーン樹脂、ポリウレタンなども熱硬化性プラスチックに属しています。

（*）プラスチックの種類の中で数多く出てくる用語に「ポリマー」と「コポリマー」があります。日本工業規格ではポリマーは「重合体」として規定され「特定な化学構造単位の反復繰返しによってできている化合物をいう」と説明されています。つまり、ポリマーは分子量の小さい原料(モノマーという)を数多くつけたものです。このくっつけることを重合といいます。

コポリマーについては日本工業規格で「共重合体」とし、「２種類以上の単量体を混合して重合することを共重合といい、この反応によって作られたものを共重合体という」と規定しています。

モノマーについての日本工業規格の用語は「単量体」で、重合反応によって重合物を合成する場合の基本単位の低分子化合物で、例えばポリスチレンにおけるスチレン、ポリアミドにおけるヘキサメチレンジアミンおよびアジピン酸などをいいます。

プラスチックを説明するうえで、種々の用語が出てきますが、日本工業規格、各種のプラスチック用語辞典などを参考にして下さい。

ポリ塩化ビニルのことを塩化ビニル樹脂と呼ぶことがありますが、本書では熱可塑性プラスチックについては「……樹脂」という呼びかたをしないことを原則とし、コポリマーのときは後に「……プラスチック」を付けることにしました。熱硬化性プラスチックの場合はフェノール樹脂、メラミン樹脂のように最後に樹脂をつけるようにしましたが、必ずしも全てのプラスチックに当てはまるわけではありません。

本書では、統計その他種々の資料を使用していますが、ここではとくに修正することなく原典の表現のまま使用しました。

5 プラスチックの性質

プラスチックは有機の高分子化合物のため、硬さ、耐熱性、寸法安定性その他種々の性質は金属とは全くといっていいほど異なっています。プラスチックの性質を知るうえでプラスチックの独特な試験方法があります。

プラスチックの試験方法は日本工業規格（JIS）で決められていますが、日本工業規格のほとんどのものは、国際規格であるISO規格に整合されています。しかし、現在でも米国の規格であるASTMに基づいた試験結果が発表されていることも少なくありません。ASTMは日本工業規格やISO規格とは試験片の形状や試験で出た結果の発表の方法が違うことがあるので、それぞれの試験結果を直接比較することが難しいという事例もでてきます。こうした点をよく留意したうえで試験結果をみることが必要です。

5.1 引っ張り強さ、伸びなどの性質

金属の場合は、「高温」というような特別な条件を除くと、試験する温度や引っ張る速度を変えたりしても、試験によって出る結果はたいして変りません。しかし、プラスチックの場合は、僅かに条件を変えただけでも試験で出る結果は大きく変ってしまいます。

どのように変るかについて、引っ張り試験を例にとってみてみます。

図5.1に、プラスチックを大きな力で引っ張ったときの、引っ張る力と伸びとの関係を示しました。引っ張る力は、試験を始めるための試料の断面積当たりで表し、伸びは、試料が伸びた量をもとの試料の長さで割った値を％で表すことになっており、この図でもそれに従っています。

図5.2は、金属の代表である炭素鋼の引っ張る力と伸びの関係を示したものです。これによると、常温付近では金属の引っ張る力と伸びの関係は、試験する温度や引っ張る速さを変えてもほとんど変りません。

この二つの図を比べてみると、大きな差があることが判ります。

まず、金属では直線の部分があります。この部分は引っ張る力と伸びとが比例する部分です。その最も大きなところを比例限界といいます。次に、引っ張る力を取り去るともとの長さに戻る限界があり、ここを弾性限界と

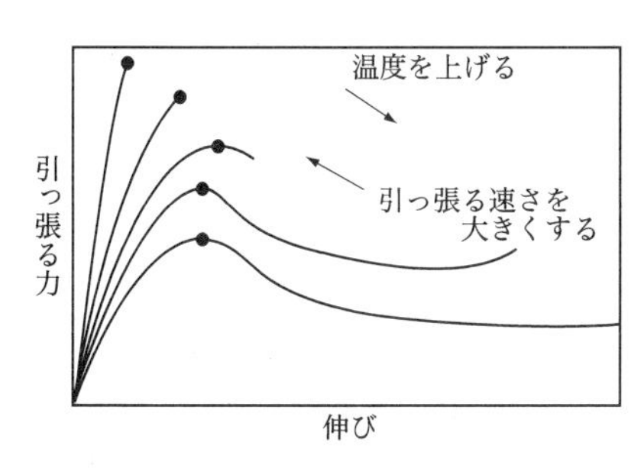

図5.1 柔かいプラスチックの引っ張る力と伸びの関係
●は引っ張り強さを示す

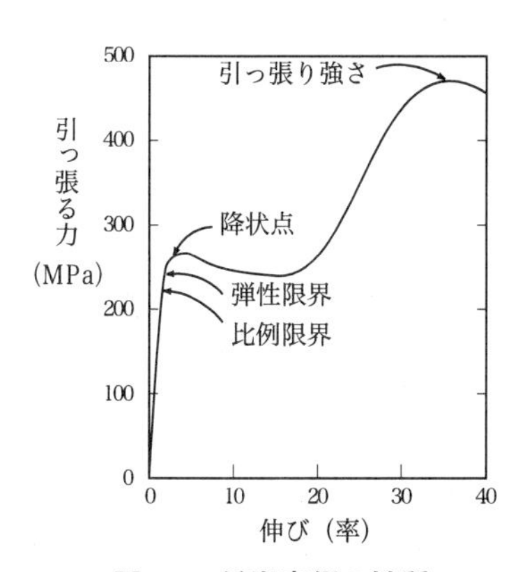

図5.2 低炭素鋼の性質

いいます。それからは伸びるだけになり、最大の力を示す降伏点があり、最後に切れてしまいます。

これに対してプラスチックの場合は、極く小さな力で引っ張ったときを除いて比例限界も弾性限界も示しません。すなわち、引っ張る速さや試験する温度を僅かに変えただけで曲線が変ってしまいます。つまり、引っ張り強さ、引っ張ったときに切れる強さ、伸びとも試験をする条件によって変ってしまうわけです。早く引っ張るとほんの少し伸びただけで切れるが、切るためには大きな力が必要です。反対に、ゆっくり引っ張ると多く伸びるが、切れる力は早く引っ張った時に比べて、はるかに小さくなります。

プラスチックを早く引っ張り、切れる前に引っ張るのを止めると、伸びていたのが縮みますが、完全に元の長さには戻りません。どの程度戻るかというと、引っ張る速さが早いと大きく、遅いと小さくなります。プラスチックを力のかかる用途に使うときには、このようなことをよく理解しておかなければなりません。

ゆっくり、数十時間あるいは数百時間かけて、同じ力で引っ張り続けると、徐々に伸び続け、引っ張り強さに比べてはるかに小さな力で切れてしまいます。この試験のことを引っ張りクリープ試験といいます。

熱可塑性プラスチックの場合、引っ張り強さは平均分子量の違いによっては大きな差は示さないが､伸びは平均分子量が小さいと小さくなります。

プラスチックは、曲げ試験においても引っ張り試験と似た傾向を示します。曲げ試験で出される曲げ弾性率は、試験片を僅かに曲げる時に必要な力を伸びで割った値で、値が小さいほど曲がりやすく、大きいほど曲がりにくいことを示しています。

5.2 衝撃に対する強さ

プラスチックの衝撃に対する強さは、一般に「シャルピー衝撃強さ」と「アイゾット衝撃強さ」が測定に使われています。これらの測定法は、棒状の試験片の両端または一端を固定し、これをたたいて割り、割るのに使われたエネルギーを測定します。また、フィルムやシートに鋼球を落とし、破損する高さを測ることも行われています。

熱可塑性プラスチックの衝撃に対する強さは、平均分子量によって変り、平均分子量が大きいと衝撃に強く、平均分子量が小さいと脆くなります。

5.3 温度に対する性質

高い温度でプラスチックが使えるかどうかを示す、プラスチックの耐熱性を表すのに最も良く使われているのは「荷重たわみ温度(DTUL)」です。荷重たわみ温度は、もとは熱変形温度(HDT)といわれていましたが、解釈が間違われやすいので改められました。

荷重たわみ温度は、試料に0.45MPa(4.6kgf／㎠)か、1.8MPa(18.5kgf／㎠)の荷重をかけたとき、規定のたわみを生ずる温度です。ほとんどの場合、1.8MPaの荷重が使われていますが、荷重が比較的大きいので、放置しておいたり、荷重が小さかったりした場合には、柔らかいプラスチックでは実用のときに変化する温度とは大きな差が出てしまいます。

電気機器では、プラスチック成形品が熱に耐えるかどうかをみるのに「ボールプレッシャー温度」が使われています。これは、プラスチックに規定の鋼球を押し付けたとき、規定のへこみを生ずる温度です。鋼球を押し付ける力が小さいので、荷重たわみ温度より高い温度を示します。

ボールプレッシャー温度は、非結晶性熱可塑性プラスチックではガラス転移温度より僅かに低く、結晶性熱可塑性プラスチックでは結晶融点より僅かに低く結果が出ます。

「ビカット軟化点」という測定もあります。これは、ダイアモンドの針をプラスチックに押し付けて、規定のへこみの出る測度を測るもので、ボールプレッシャー温度に近い値を示します。

しかし、荷重たわみ温度、ボールプレッシャー温度、ビカット軟化点温度のいずれにしても、その温度よりも下の温度であればそのプラスチックの製品が長い時間にわたって使えるということを示すものではありません。

プラスチックを高い温度に長い時間置くと、いろいろな性質が悪化します。このことを「熱劣化」といいます。長い時間、高い温度で使う用途ではこの熱劣化も考慮に入れておかなければなりません。その上、どの性質も同じ割合で悪化するわけではありません。例えば、引っ張り強さが長時間（例えば4万時間）置いた時に、もとの値の半分になる温度を、そのプラスチックが耐える温度とすることもあります。

高い温度で溶融した熱可塑性プラスチックの耐熱性も、プラスチックの種類によって変ります。ある種類の熱可塑性プラスチック、例えばポリ塩化ビニルは、加工する時の温度に暫く置いておくと分解を始めるし、また、加工温度に長時間置いておくと、分子が架橋して流動性が悪くなるものもあります。これとは反対に、加工する温度に長時間置いても安定して変化しにくい熱可塑性プラスチックもあります。

プラスチックの種類によっては、低温では脆くなってしまうものがあります。この脆くなって衝撃を与えると破損する温度のことを「脆化温度」といいます。

5.4 屋外暴露の影響

プラスチックは屋外で使用すると、種々の性質が悪くなります。このため、プラスチックが屋外で使えるかどうかを測る耐候性試験が行われています。

実際の屋外暴露試験は、試験する場所の影響が大きいこと、試験に長い時間がかかることもあり、キセノンランプなどの人工光源による耐候性促進試験が広く行われています。

5.5 硬さ

プラスチックの硬さは、主として「ジュロメーター硬さ（ショア硬さ）」、「ロックウェル硬さ」、「ブリネル硬さ」、「バーコル硬さ」によって測られています。

ジュロメーター硬さは、ショア押込み硬度計の押込み針に荷重をかけてプラスチックに押し込んだときの、へこみの深さによって測ります。押込み深さは0から100までの値で示し、数字が大きいほど硬いことを示します。押込み針にかける荷重の小さいショアA硬さと、荷重の大きいショアD硬さがありますが、ショアA硬さは軟質プラスチックに、ショアD硬さは硬質プラスチックに使われています。

ロックウェル硬さも押込み硬さの一種で、鋼球を押し込んで測ります。プラスチックの測定にはL、M、Eの三種のスケールが使われています。L、M、Eの後のものほど硬いプラスチックに使われ、また、測定数字が大きいほど硬いことを示します。

ブリネル硬さも押込み硬さの一種で、鋼球を押し込み、へこみの直径によって測り、数字が大きいほど硬いことを示します。

バーコル硬さも押込みの一種で、主に熱硬化性プラスチックの硬さの測定に使われています。この場合も数字が大きいほど硬いことを示します。

このように、硬さの測定は違った性質を測定するものなので、測定値を換算することはできません。

5.6 薬品に対する性質

プラスチックの耐薬品性は、「使用可」、「条件により使用可」、「使用不可」というような、あまり判然としない表し方で示すのが普通です。

この表し方で使用可というのは、その薬品に侵されることがなく、その薬品を吸収することが少ないことなどを指すものです。しかし、これだけで薬品に対する性質を十分に表しているとはいえません。例えば薬品の容器として使った場合、薬品をわずかしか吸収しないとしても、内容物を透すために内容物は僅かながら揮散していきます。

使えるか使えないかはその用途によってきまります。例えば、高密度ポリエチレンのパイプは都市ガスを送るパイプに使われていますが、ガソリンを輸送するパイプに使うことは危険です。また、自動車の燃料タンクに高密度ポリエチレンを使うと、ガソリンが僅かに揮散するので、高密度ポリエチレンの中間にガソリンを通さない層を挟んだ多層構造にすることも行われています。このように可、不可の表し方では不十分なことが多くあります。

曲げたり、伸ばしたり、力をかけておいたりしたプラスチック製品や、内部にひずみ（歪み）のあるプラスチック製品を薬品に浸すと「応力き裂」という現象で割れることがあります。応力き裂はストレスクラッキングと呼ばれることもあります。これは、外観的には何の変化も起きないのに割れてしまうこともあり、実にやっかいな現象です。

薬品に対する性質には、応力き裂を含めて温度が大きく影響します。プラスチックがその薬品に耐えられるかどうかについては、実際に使う条件で実験してみないと判らないといってもいいでしょう。

5.7 溶融時の流動性

溶融した熱可塑性プラスチックの流動性は、熱可塑性プラスチックの種類と平均分子量によって変ります。一般的に、平均分子量が小さいと流れ易く、平均分子量が大きいと流れにくくなり、また、温度が低いと流れにくく、高いと流れやすくなります。ただし、流れの程度は熱可塑性プラスチックの種類によって違います。

溶融した熱可塑性プラスチックの粘度は、レオメーターによって測定しますが、加工する時の流動性を測る方法としては「メルトフローレート」(略語MFR)が使われています。メルトフローレートは「メルトフローインデックス」（略語MFI）や「メルトインデックス」（略語MI）と呼ばれることもあります。

メルトフローレートは、一定の荷重をかけたときに、決められた直径と長さの細い管（オリフィス）から、熱可塑性プラスチックごとに決められた温度で、10分間に押し出される熱可塑性プラスチックのグラム数のことです。値が大きいほど流れやすいことを示します。

押出加工や押出ブロー成形の時の加工性の目安にはなりますが、射出成形においては、測定時に溶融した熱可塑性プラスチックにかける圧力が小さいので、僅かな差は必ずしも材料を選択する目安にはなりません。

射出成形で溶融した熱可塑性プラスチックの流動性をみる試験方法に「スパイラル試験」があります。らせん（螺旋）状の溝を彫った金型を使って射出成形し、その長さを測って流れをみる方法です。

5.8 燃えにくさ

ポリテトラフルオロエチレンなど僅かな例外を除いて、プラスチックは火を付けると燃えます。燃えてはいけない用途にプラスチックを使う場合には、燃えにくい（難燃性）プラスチックが要求されます。

プラスチックの燃えにくさの試験方法にはいくつかのものがありますが、これらの中では、プラスチックの試験片に直接炎を触れさせて燃えにくさを試験する方法が最も一般的です。

米国のアンダーライターズラボラトリーズ（UL）の規格による試験法がよく使われています。この方法は、UL94の規定の試験片に火を付け、火が付いている時間、火の付いた粒子の落下などによって、燃えにくさを判定し、燃えにくさに従ってV0、V1、V2などに分類します。この場合数字が小さいほど燃えにくいことを示します。

このほかに、酸素と窒素の混合物の中でプラスチックが燃えるかどうかによって試験する方法があります。この方法では、プラスチックが燃える酸素の最低の濃度を酸素指数といい、酸素指数が小さいほど燃えにくいことを示しています。

5.9 電気的性質

プラスチックの用途のうち、電気絶縁物としての用途が多くあります。このため電気的性質は重要な事項で、絶縁抵抗、耐電圧および誘電特性の比誘電率と誘電正接が測定されています。

5.10 添加剤

プラスチックには樹脂添加剤が少しずつ配合されています。

添加剤は高分子安定剤と機能付与剤に分けられます。

高分子安定剤は耐久性を改良させる酸化防止剤、耐候性を改良させる紫外線吸収剤などがあります。

機能付与剤は、柔軟性を向上させる可塑剤、樹脂を燃えにくくさせる難燃剤、ほこりなどの付着を少なくさせる静電気防止剤、抗菌性を向上させる抗菌剤、型離れを向上させる滑剤などがあります。

6 熱可塑性プラスチック

熱可塑性プラスチックは、長い分子の絡まり合いによって固体を保っているプラスチックです。固体を保っている状態によって非結晶性熱可塑性プラスチックと結晶性熱可塑性プラスチックに分けられます。非結晶性の場合は、長い分子の絡まり合いだけで固体の形を保っている熱可塑性プラスチック（**図6.1**）で、ポリスチレン、ポリ塩化ビニル、ABSプラスチック、ポリカーボネート、ポリメタクリル酸メチルなどが属しています。

これに対して結晶性熱可塑性プラスチックは、長い分子の絡まり合いだけでなく、分子の一部が規則正しく並んでおり（**図6.2**）、結晶構造をとっていることによって固体の形状を保っている熱可塑性プラスチックです。これにはポリエチレン、ポリプロピレン、ポリアミド6および同66、ポリアセタール、ポリエチレンテレフタレート、ポリブチレンテレフタレートなどが属しています。

固体の非結晶性熱可塑性プラスチックを加熱すると分子の運動が激しくなって、ある温度を超えると粘度の高い液体となって流れるようになり、さらに温度を上げると粘度が下がり流れやすくなります。この加熱によっ

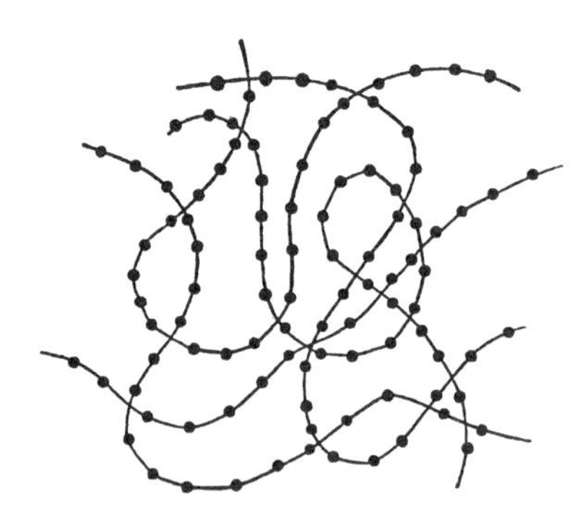

図6.1　非結晶性プラスチック
（分子の配列に規則性がない）

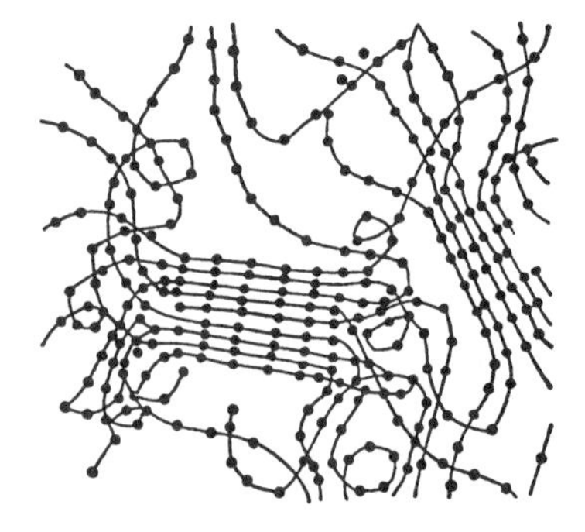

図6.2　結晶性プラスチック
（分子が規則的に配列した比較的結合の強い固い部分と軟らかい非結晶性の部分が結ばれている）

て流れるようになる温度のことを「ガラス転移点」といい、プラスチックの種類によってガラス転移点温度は異なります。

これに対して結晶性熱可塑性プラスチックは、加熱してガラス転移点の温度を超えた時点では性質は若干変りますが、結晶部分が溶融する温度（結晶融点という）までは流動状態にならず、結晶構造によって固体の形状を保っています。さらに加熱を続けて温度が結晶融点を超えると、急に低粘度の液体になります。

こうした性質から結晶性と非結晶性熱可塑性プラスチックでは、製品を作るときの加工性と製品の性質に違いが出てきます。例えば、加工する時の温度と製品として使用できる最高温度との差が、結晶性のもののほうが大きくなります。

熱可塑性プラスチックは、汎用プラスチックとエンジニアリングプラスチックに区別することもあります。汎用プラスチックは、以前にはポリエチレン、ポリプロピレン、ポリスチレン、ポリ塩化ビニル等を指していましたが、ABSプラスチックやポリメタクリル酸メチル、ポリエチレンテレフタレートなどが大量生産され、価格も低下したため、これらも汎用プラスチックに加えられるようになっています。

これに対してエンジニアリングプラスチックは、耐熱温度100℃以上、引っ張り強さ50MPa以上で、汎用プラスチックが持っていない優れた性質を持ったプラスチックを指すことになっています。しかし、ポリテトラフルオロエチレンなどのふっ素プラスチックは、エンジニアリングプラスチックとして一般に使用されながら強さは50MPa以下であるし、汎用プラスチックとされているポリエチレンテレフタレートの場合も、ガラス繊維を補強材として添加した材料の場合はエンジニアリングプラスチックとして使用されており、エンジニアリングプラスチックと汎用プラスチックの区分は多分に人為的なものだといえます。エンジニアリングプラスチックには多くの種類のものがありますが､代表的なものとしてはポリアミド、ポリカーボネート、ポリアセタール、変性ポリフェニレンエーテル、ポリブチレンテレフタレートがあり、５大エンジニアリングプラスチックと呼ばれています。エンジニアリングプラスチックの中で、150℃以上の熱に耐える特別に優れた性質を持ち、特別の要求に応えることのできるプラスチックは、スーパーエンジニアリングプラスチックと呼ばれており、ポリエーテルエーテルケトン、ポリスルフォン、ポリアミドイミドその他多くのものがあります。

熱可塑性プラスチックは、通常、そのままプラスチック加工機械に入れることができるように粒状のペレット（ナチュラルペレット）として原料メーカーが製造し販売しています。プラスチック材料に種々の性質を持たせるために添加する材料（熱安定剤、着色剤、可塑剤、光安定剤、潤滑剤、充填材、繊維状強化剤、難燃剤、帯電防止剤など）を入れたペレットや、２種類以上の熱可塑性ポリマーを混ぜて作った熱可塑性プラスチック（ブレンドポリマー、またはポリマーアロイと言う）のペレットがありますが、これらの複合材料はコンパウンドと呼ばれています。

ペレットは、直径と長さが約３㎜の円柱形か、囲碁に使用する碁石のような形状のものが一般的ですが、球形のものや角柱形のものもあります。

各種の熱可塑性プラスチックについて次に説明します。略語についてはISO（国際標準化機構）及びJIS（日本工業規格）で定めたものを使用しています。略語のあとに、または……として記載した略語は一般的に多く使用されているものです。（＊ISO、JISで定めている129種のホモポリマー材料、コポリマー材料、天然高分子材料に関する略語については巻末に一括記載しました。）

6.1 ポリエチレン（略語PE）とエチレンコポリマー

ポリエチレンは代表的な汎用プラスチックで、また代表的な結晶性熱可塑性プラスチックです。ひとくちにポリエチレンといってもいろいろな性質をもったものがあり、その代表的なものが低密度ポリエチレンと高密度ポリエチレンです。高密度ポリエチレンは低密度ポリエチレンより側鎖が少ないために結晶化度が大きくなり結晶化度が大きいためこの差が生じます。

このほかにも、低密度ポリエチレンよりもさらに密度の小さい極低密度ポリエチレン（略語PE－VLD。またはVLDPE）や、低密度ポリエチレンと高密度ポリエチレンの中間の密度の中密度ポリエチレン（略語PE－MD。またはMDPE）があります。

6.1.1 低密度ポリエチレン（略語PE－LD。またはLDPE）

低密度ポリエチレンは密度が0.92程度で、軽く柔らかです。薄いフィルムにした場合は透明ですが、厚くすると乳白色になります。低密度ポリエチレンは、以前は極めて高い圧力を使用するプロセスで製造されていたため、高圧法ポリエチレンと呼ばれていましたが、高密度ポリエチレンの製造プロセスとほぼ同じ方法で、低い圧力でも作られています。この二つの方法で作られた低密度ポリエチレンは僅かに性質が違うので、低い圧力で作った低密度ポリエチレンを特別に直鎖状低密度ポリエチレン（略語PE－LLD。またはLLDPE）と呼びます。

低密度ポリエチレンは柔軟性に富んでいるので、軟質ポリエチレンとも呼ばれています。極めて低い温度でも硬くなりません。電気的性質に優れ、薬品にも侵されず、どんな溶剤にも溶けません。このため、低密度ポリエチレンのフィルムや成形品に印刷などを施す場合には、表面に特殊な処理をしないと良好な印刷ができません。

低密度ポリエチレンは柔らかさを必要とするところに広く使われています。押出成形によって作った包装用や農業用のフィルム、柔軟な水道用のパイプやチューブ、ブロー成形で作った柔らかい瓶（ビン）、そして容器のふたなどの射出成形が作る品物にも数多く使われています。

ポリエチレンは全くといっていいほど水を吸いません。低密度ポリエチレンで作ったフィルムは水は透さないが酸素や炭酸ガスは比較的によく通します。水を通さないことを利用してクラフト紙や包装紙に貼り合わせて使います。牛乳の紙パックなどがその例で、この貼り合わせたものをポリエチレンラミネート製品と呼びます。紙のほかにアルミ箔やセロファンなどのラミネート製品も数多く作られています。

6.1.2 高密度ポリエチレン（略語PE－HD。またはHDPE）

高密度ポリエチレンは密度は0.95程度で水に浮き、低密度ポリエチレンに比べると硬く、100℃の熱湯の中に入れても変形しません。低密度ポリエチレンと同様に耐薬品性に優れ、どんな溶剤にも常温では溶けません。したがって接着剤による接着や印刷が困難です。低密度ポリエチレンが軟質ポリエチレンと呼ばれているのに対して、高密度ポリエチレンは硬質ポリエチレンと呼ばれることもあります。

高密度ポリエチレンのフィルムは包装用に広く使われています。腰があり白く濁っているので、低密度ポリエチレンフィルムとはまったく異なった感触のフィルムです。フィルムを作る際に、一定の方向に引き伸ばす（延伸）と、引っ張り強度が極めて高くなります。これがフラットヤーンで、さらにこれを割いたものがスプリットヤーンです。包装用の紐や、織って肥料、穀物の袋や土を入れて土のう用の袋などに使われています。

高密度ポリエチレンのパイプは水道管やガス管に使われています。化学架橋した高密度ポリエチレンパイプは、熱水を送るパイプとしても使われています。

ブロー成形によって作られた高密度ポリエチレン製品も数多くあります。洗剤、シャンプー、化粧品、薬品用などの瓶（ビン）、灯油缶、そして自動車の燃料タンクなどがあります。

射出成形で作られたものも数多くあります。日用品雑貨、ビールケースなどの運送・輸送用コンテナーなど高密度ポリエチレンの特性を活かした用途に使われています。

高密度ポリエチレンを細い紐状に押出加工し、これを延伸すると強い繊維になります。繊維といっても太いもので、モノフィラメントと言います。これは撚って、ロープや漁網などのネットに使われています。

図6.3　ポリエチレン製の大形容器（岩崎工業）

6.1.3　超高分子量ポリエチレン（略語PE−UHMW。またはUHMWPE）

超高分子量ポリエチレンは、重量平均分子量が約200万以上の高密度ポリエチレンです。加熱してもほとんど軟化溶融しないので、通常の加工法では成形できません。したがって、特殊な圧縮成形法によって板状の素材を作り、機械加工によって最終製品を作ります。

衝撃に対する強さは、熱可塑性プラスチックの中で最高に優れており、耐摩耗性にも著しく優れています。主な用途としては機械部品、歯車、カム、ワッシャ、エアハンマ、ポンプ部品、橋梁部品があります。

6.1.4 エチレン−酢酸ビニルプラスチック(略語EVAC。またはEVA)

エチレン−酢酸ビニルプラスチックは、エチレンと酢酸ビニルとを共重合させたもので、性質は分子量と酢酸ビニルの含量によって大きく異なります。低密度ポリエチレンに似た性質を持っていますが、さらに柔らかで、フィルムやラミネート、射出成形で使われています。

6.1.5 エチレン−アクリル酸エチルプラスチック(略語EEA)

エチレン−アクリル酸エチルプラスチックは、エチレンとアクリル酸エチルから得られる共重合体で、アクリル酸エチルを約20%含むものが実用的に広く利用されています。ゴムまたは軟質のポリ塩化ビニルに似た弾性を持っており、とくに低温での弾性と可撓性に優れているので、冷蔵庫のドアパッキン、フレキシブルホース、自動車部品などに使われています。射出成形、押出成形、ブロー成形、カレンダー加工など各種の加工法が使えるので種々の形状の製品を作ることができます。

6.1.6 アイオノマー

アイオノマーは、エチレンとメタクリル酸の共重合体などの分子の長い鎖の間をマグネシウムなどの金属とイオン結合で結合したもので、透明で強靱な性質を持ち、電気絶縁性にも優れています。スキンパッケージ用フィルム、瓶、電線被覆材、保護眼鏡などに使用されています。

6.2 ポリプロピレン(略語PP)

ポリプロピレンは密度は0.90で、あらゆるプラスチックの中で密度が最も小さな部類に属しています。半透明で100℃以上の熱にも耐える結晶性熱可塑性プラスチックで、ポリエチレンとともに代表的なプラスチックです。耐薬品性に優れ、常温ではどんな溶剤にも溶けません。このために接着したり塗装・印刷をする場合には前処理を施す必要があります。

ポリプロピレンのホモポリマーは、低温では脆くなるという欠点があります。このため、エチレンなどの他の単量体と共重合させたものやイソブチレンなどをブレンドしたものが作られています。また、補強材としてガラス繊維等を配合したものもあります。

ポリプロピレンの主な用途は、各種の射出成形品と、フィルム、フラットヤーン、パイプなどの押出成形品、そしてブロー成形品など数多くありますが、これらの用途の中では射出成形品が第1位を占めており、ポリプロピレンの消費量のうち半分以上が射出成形に使われています。

ポリプロピレンの射出成形品はバンパーなどの自動車部品、電機部品、コンテナー、家庭用品、住宅機材、インテリア・エクステリア製品など広い産業分野で使われています。

ポリプロピレンは乳白色で、不透明ですが、造核剤を加えると射出成形品やブロー成形品などの比較的に厚肉のものでも、ポリプロピレンの結晶が小さくなって見えなくなるため、透明度が上がります。こうしたものを透明ポリプロピレンと呼ぶことがあります。

ポリプロピレンのフィルムは透明（フィルム製造過程で急速に冷却すると透明になる）で、水分を通さないので、包装用に広く使われています。ポリプロピレンのフィルムを融点以下の温度で縦方向と横方向に引き伸ばした二軸延伸フィルムは、この操作によってフィルムの引っ張り強さが著しく増大し、強靱性が増し、包装用フィルムとして多く使われています。

図6.4　ポリプロピレン製風呂いす、洗面器（岩崎工業）

6.3 ポリスチレン（略語PS）

ポリスチレンは代表的な汎用プラスチックのひとつです。ポリスチレンは衝撃に対して弱く、耐溶剤性も低く、耐熱性も100℃を下まわります。しかし、透明性や電気的性質に優れており、広い分野で使われています。

6.3.1 一般用ポリスチレン（略語は正式には規定されていないが、PS－GPまたはGPPSなどが使われている）

ポリスチレンは、ポリスチロールあるいはスチロールとも呼ばれています。密度は1.02～1.05、無色透明で可視光線透過率はガラスと同程度と大きく、引っ張り強さや弾性率は熱可塑性プラスチックのなかでは上位に属しています。電気的性質はきわめて優秀でプラスチック中最高の部類に入っています。成形加工性に優れており、とくに射出成形性に優れているのも特長です。雑貨、事務用品、玩具、弱電機器部品などに使われています。

図6.5　ポリスチレン製テーブルポーチ
（底はABS樹脂製）（リス）

6.3.2 耐衝撃性ポリスチレン（略語PS－HI。またはHIPS）

耐衝撃性ポリスチレン（ハイインパクトポリスチレン）は、ポリスチレンの衝撃性の弱さを改善するためポリブタジエン等の合成ゴムを配合したもので、略語としてSB（スチレン－ブタジエンプラスチック）が使われることもあります。ブタジエンを配合したことにより密度は1.03～1.06となり、乳白色で半透明になります。耐衝撃性ポリスチレンには透明な品種もありますが、これはポリブタジエン粒子の大きさを可視光の波長より小さくして見えなくしたものです。

一般用ポリスチレン、耐衝撃性ポリスチレンは射出成形や押出成形によって容易に製品を作ることができます。なかでもいちばん多いのは射出成形品で、一般用・耐衝撃性ポリスチレン消費の70%を占めています。次に多いのは押出成形によるシートで、熱成形（真空成形、圧空成形）で二次加工して容器などが作られています。

6.3.3 発泡ポリスチレン（略語PS−E。またはEPS）

発泡ポリスチレンは、ポリスチレンに発泡剤として低級炭化水素（ブタン、ペンタンなど）を吸収させた、いわゆる発泡ポリスチレンビーズを水蒸気で温めると、発泡剤がガスになるため発泡してポリスチレンフォーム（略語としてFS＝フォームスチレン）になります。また、ポリスチレンと発泡剤とを押出機の中で混練溶融して押出し、管状、板状、シート状の発泡ポリスチレンを作ることもあります。

6.4 ポリ塩化ビニル（略語PVC）

ポリ塩化ビニルは塩化ビニル樹脂、または略して塩ビとかビニールとも呼ばれている非結晶性の熱可塑性プラスチックです。ポリ塩化ビニルは他の熱可塑性プラスチックがペレット状で供給されるのに対して、粉末状のポリマーとして販売されます。

ポリ塩化ビニルはそのまま加工温度に加熱すると分解してしまいます。このため、加工のためには金属塩などの安定剤を加える必要があります。ポリ塩化ビニルを大量に加工する加工業者やコンパウンドを製造して販売する業者は、安定剤のほか、可塑剤などを配合してコンパウンドを作ります。少量のポリ塩化ビニル製品を製造する加工業者はコンパウンドを購入して加工します。

ポリ塩化ビニルの製品は、可塑剤を加えないで作った硬質ポリ塩化ビニル製品と、ポリ塩化ビニル100部あたり、約50部のジ−2−エチルヘキシルフタレート（略語DOP）などの可塑剤を加えて作った軟質ポリ塩化ビニル製品の二つに分かれます。この二つのポリ塩化ビニル製品の性質には大きな差があります。

6.4.1 硬質ポリ塩化ビニル（略語PVC－U。またはHPVC）

硬質ポリ塩化ビニルは可塑剤を使っていないので、無可塑ポリ塩化ビニルとか、簡単に無可塑塩ビなどと呼ばれています。密度は1.30～1.58程度で硬いプラスチックです。

硬質ポリ塩化ビニルは、押出成形、射出成形、ブロー成形、カレンダー加工、二次加工として熱成形など多くの種類の加工方法が使えますが、押出成形加工法が最も多く使われています。押出加工では水道管、下水管などのパイプ、平板、波板、雨どいなどの建築資材、家具や家屋の内装材に使うブラインド、レールなどの異形押出品などが作られ、板やシートはそのまま使う場合と、熱成形で二次加工して包装容器、看板などが作られています。板やシートは押出加工のほかにカレンダー加工でも作られています。

硬質ポリ塩化ビニルの射出成形は、他の熱可塑性プラスチックに比べると遙かに困難です。これは、硬質ポリ塩化ビニルが軟化する温度の190℃でしばらく置くと、熱分解が始まってしまうからです。射出成形によって作られる製品としては、パイプの継手、雨どいの接続部分、電線管ボックスなどがあります。

ブロー成形によっては瓶（ボトル）も作られていますが、現在は少なくなっています。ポリ塩化ビニルに占める硬質塩化ビニルの割合は約50％です。

6.4.2 軟質ポリ塩化ビニル（略語PVC－P。またはSPVC）

軟質ポリ塩化ビニルは、可塑化ポリ塩化ビニルとも呼ばれ、略して可塑化塩ビとも呼ばれています。主な用途はフィルム、シート、レザー、ホース、電線被覆などです。

フィルムの用途の中で最も多く使われているのは農業用で、次が建材工業用です。フィルムを薄く引き伸ばしたストレッチフィルムは、ラップフィルムとして使用されています。シートやレザーは家具やクッションの表張り、靴や袋物、サンダルやスリッパなどの履物、壁紙材料、文具、玩具などに幅広く使われています。

軟質ポリ塩化ビニルの加工法で代表的なものは押出加工とカレンダー加工です。フィルム、シート、レザーは主にカレンダー加工によって作られていますが、一部のフィルムは押出加工によって作られています。チューブ、ホース、電線被覆は押出加工で作ります。射出成形は他の熱可塑性プ

図6.6　農業用ビニルハウス（クリーンエース）
（MKVドリーム）

ラスチックや熱可塑性プラスチックエラストマーに比べて難しく、ポリ塩化ビニル被覆電線と一体で射出成形するプラグの加工に使う程度です。軟質ポリ塩化ビニルに大量の充填材を混合し、カレンダー加工によって作るタイル、フロアリング材料もあります。

ポリ塩化ビニルにはペーストレジンという特殊な品種があります。この材料に可塑剤を混ぜると糊のような状態になり、加熱すると軟質ポリ塩化ビニルになります。スラッシュ加工法、回転成形法、浸漬加工法などを使ってさまざまな製品が作られています。ソフトビニル人形といわれる玩具類、手袋、工具グリップ部のカバー、レザーの一部などで多く使われています。

6.4.3　塩化ビニル－酢酸ビニルプラスチック（略語VCVAC）

塩化ビニルのコポリマーにはいろいろなものがありますが、塩化ビニル－酢酸ビニルプラスチックが、最も一般的なものです。ポリ塩化ビニル製品といっても、このコポリマーの製品であることもあります。このコポリマーとポリ塩化ビニルの用途はほとんど同じです。とくに、コポリマーのほうが加工温度が若干低くて済むので、射出成形加工する場合にはポリ塩化ビニルより、塩化ビニル－酢酸ビニルプラスチックのほうが多く使われています。

6.5 ABSプラスチック（アクリロニトリル－ブタジエン－スチレンプラスチック）（略語ABS）

ABSプラスチックは、一般にはABS樹脂あるいは簡単にABSとも呼ばれています。乳白色、非結晶性で、性質のバランスがよくとれており、ガソリンには侵されません。しかし、一般の品種のABSプラスチックは耐候性が悪く、耐熱性も100℃以下です。しかし、ABSプラスチックはアクリロニトリル、ブタジエン、スチレンの三つのモノマーの共重合体なので、それぞれの成分の比率を変えることで性質を大きく変えて目的の製品に合った性質にすることができます。

ABSプラスチックは衝撃に対する強さと剛さによって、高耐衝撃性品種、中耐衝撃性品種、高剛性品種の三つの種類のものが作られています。普通のものは高剛性品種です。高・中耐衝撃性品種はそれぞれ要求される耐衝撃性のレベルに合わせて使われています。成分の一部を変えて100℃以上でも使えるようにした耐熱性ABSプラスチックも作られており、自動車のエンジンまわりなどの耐熱性を必要とする部品に使われています。

透明な品種もあります。透明ABSプラスチックはMABSプラスチック（略語MABS）と呼ばれ、ABSとポリメタクリル酸メチル（アクリル）とのポリマーアロイにしたものです。ABSプラスチックは屋外で日光に曝されると脆くなるという欠点がありますが、これを改良したものにアクリロニトリル－スチレン－メタクリル酸メチルプラスチック（略語ASA）があります。

図6.7　ABSプラスチック製掃除機
（三菱レイヨン）

6.6 SANプラスチック（スチレンーアクリロニトリルプラスチック）（略語SAN）

SANプラスチックは一般にAS樹脂とも呼ばれています。透明で硬く、ガソリンなどの鉱物油に強い非結晶性熱可塑性プラスチックです。スチレンとアクリロニトリルの共重合体で、耐油性のほか機械的強度、耐熱性、耐化学薬品性、耐候性、耐ストレスクラック性はポリスチレンより優れています。特に引っ張り強さ、弾性率は熱可塑性プラスチックの中で最高の部類に属しています。

バッテリーケース、扇風機の羽根、万年筆やボールペンの軸などの各種文房具、積算電力計などのカバー類などの確立した用途を持っています。

6.7 ポリメタクリル酸メチル（略語PMMA）

ポリメタクリル酸メチルは、ポリメチルメタクリレート、メタクリル樹脂、または略してアクリルとも呼ばれる非結晶性プラスチックです。しかし、アクリルという名称が入っていても、ポリアクリル酸メチルはポリメタクリル酸メチルとは別のプラスチックであり、アクリル繊維はポリアクリロニトリル系合成繊維ですから「アクリル」という略称は、間違った解釈をされやすい略称だといえます。またメタアクリル樹脂と呼ばれることもありますがこれは間違いです。

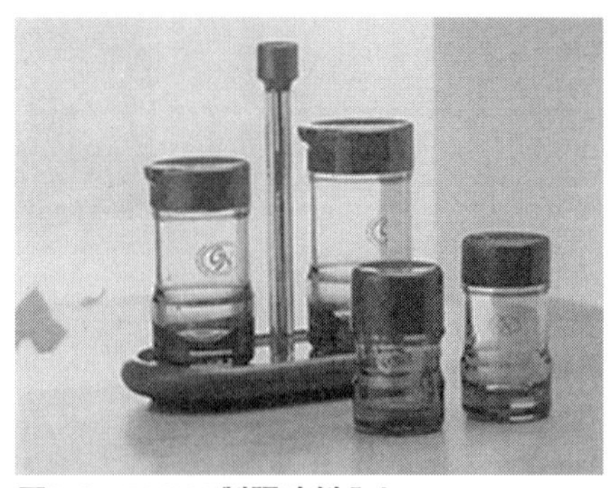

図6.8　PMMA製調味料入れ
（ふたはABS製）（リス）

ポリメタクリル酸メチルは完全に無色で、透明性に優れていることが最大の特長です。光線の透過率は100％に近く、日光に曝されても変色しません。おもな加工方法は射出成形、押出成形、モノマー注型（モノマーキャスティング）です。射出成形では透明性を特に必要とするレンズや工業部品、高級感のあるテーブルウエアなどの日用品が作られています。押出加工やモノマー注型では板が作られています。板は熱成形や機械加工によって照明看板などが作られ、特に厚物の板は、透明なドア材や水族館などの大型水槽などに使われています。

押出加工によって作られたファイバーは、端面から入った光がもう一方の端面から放射されることから、光ファイバーとしても使われています。

6.8 ポリアミド（略語PA）

ポリアミドはナイロンという名称で親しまれているプラスチックで、主鎖の中の繰返し構造単位がアミドの形のポリマーです。アミド結合の間に入るもの（基）によって多くの種類のものがあります。大部分が結晶性プラスチックですが、透明な非結晶性のものもあります。ポリアミド6とポリアミド66（ロクロクと呼ぶ）は合成繊維の代表ですが、エンジニアリングプラスチックの代表でもあります。繊維と区別するためにポリアミドプラスチックと呼ぶこともあります。

ポリアミド6と66は、耐油性、耐熱性が優れており、摩擦係数が小さく、摩耗に強いという特長を持っています。反面、吸水性があるため、空気中の湿度が高いと僅かに寸法が大きくなったり、水分の含有量によって衝撃強さが変ったりするという欠点もあります。

加工方法は射出成形と押出成形が主で、射出成形では自動車部品を中心とする工業用途や摺動特性を必要とする家具や建築材料部品、ガソリンや油等に触れやすいギア等が作られています。押出成形では、一般の繊維に比べると太い糸状のもので、ロープやガットに使用する製品が作られています。

ポリアミドにはポリアミド6や66のほかにもいろいろなものがあります。ポリフタルアミド（略語PPA）、ポリアミド46（略語PA46）、ポリアミド11（略語PA11）、ポリアミド12（略語PA12）、ポリアミドMXD6（略語PAMXD6）、ポリアミド6T（略語PA6T）、ポリアミド9T（略語PA9T）、透

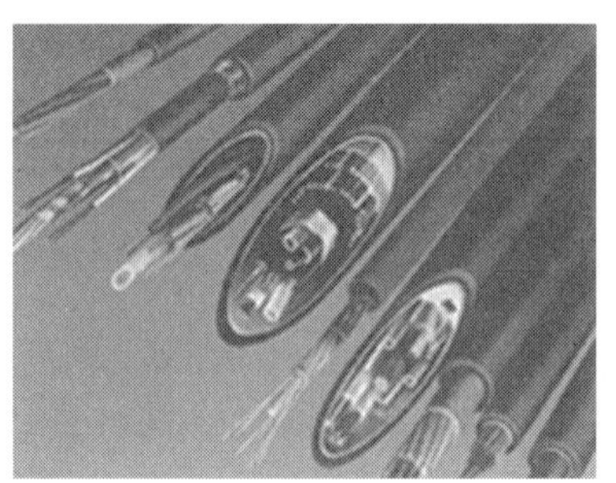

図6.9　ポリアミド製光ファイバー
（ダイセル・エボニック）

明ポリアミド（半芳香族ポリアミド）（略語PA63T）がその主なものです。

ポリアミド11と12は、ポリアミド6と66に比べて柔軟で吸湿性が少なく、ポリフタルアミド、ポリアミド46、MXD 6、6T、9Tは耐熱性が優れています。

6.9 ポリアセタール（略語POM）

ポリアセタールはポリオキシメチレンあるいはポリホルムアルデヒドとも呼ばれ、略語のPOMはポリオキシメチレンからとったものです。ポリアセタールは主鎖の中の繰返し構造単位がアセタールの形のポリマーを指しますが、一般に使用されているポリアセタールはポリオキシメチレンの構造を持った結晶性のプラスチックで、このためにポリオキシメチレンと呼ぶことも多くなってきています。

ポリアセタールにはホルムアルデヒドのホモポリマーと、ホルムアルデヒドとエチレンオキシド（酸化エチレン）のコポリマーの２種類があります。この２種類のポリアセタールの性質は若干違いますが、いずれも耐摩擦摩耗特性、耐薬品性に優れ、反発弾性が良いという特長を持っており、エンジニアリングプラスチックの代表的な材料です。

製品はほとんどが射出成形で作られ、ギアやカムなどの工業部品が数多く作られ、反発弾性がよいことからスプリングも作られています。溶剤に溶けないという特長もありますが、これは塗装や接着が難しいという欠点にもなっています。

6.10 ポリカーボネート（略語PC）

ポリカーボネートは主鎖の中の繰返し構造単位が炭酸エステル型のポリマーを指しますが、現在一般に使用されているポリカーボネートはビスフェノールAと炭酸をエステル結合で結んだプラスチックです。

耐衝撃性が極めて高く、透明で、耐熱性も120℃と高い非結晶性プラスチックで、エンジニアリングプラスチックの代表的な材料のひとつです。

ポリカーボネートは射出成形、押出成形、ブロー成形などによって製品が作られますが、大部分は射出成形で作られています。工業用品から日用品まで広い分野の製品にポリカーボネートが使われていますが、コンパクトディスク、ビデオディスクなど各種のディスク類、自動車のガラス代替品などが主な用途です。押出成形で作った板は、耐衝撃性に優れていることから高速道路等の透明な防護壁や体育館の窓などに使用されています。ブロー成形では事務所用などの飲料水用タンクが作られています。

ポリカーボネートの弱点としては耐薬品性がやや劣ることがあげられます。アルカリ性の薬品に触れると分解するし、ガソリンに触れても応力亀裂を起こして割れることがあります。

図6.10 ポリカーボネート製
ヘルメット（帝人）

6.11 ポリエチレンテレフタレート（略語PET）

ポリエチレンテレフタレートは、略語のPETを「ペット」と読んで、「ペット」ボトルとしてよく知られているプラスチックです。飽和ポリエステル樹脂と呼ぶこともあり、繊維にした場合は「ポリエステル繊維」として知られています。テレフタル酸とエチレングリコールをエステル結合で結んだ結晶性の耐熱性のあるプラスチックです。

ガラス繊維等で強化していないポリエチレンテレフタレートは汎用プラスチックとして使われ、押出成形、ブロー成形で製品を作ります。押出成形法では、主として二軸延伸フィルムが作られ、スリットしたテープは光記憶媒体などのベース材料として使われています。二軸延伸ブロー成形法ではボトルなどの容器が作られています。ペットボトルと呼ばれ、透明で耐衝撃強度、ガスバリア性にも優れていて広く使用されています。耐熱温度は低く、ボトルは特殊処理をしないものは100℃にも耐えません。

射出成形の場合は、ガラス繊維等を配合して強化したものが工業部品の成形に使われることが多くあります。非強化品が射出成形に使われる例としては二軸延伸ボトルのプリフォームがあります。

ポリエチレンテレフタレートは、結晶化したものをCPET、結晶化させない透明なものをAPETと呼ぶことがあります。

ポリエチレンテレフタレートの仲間といっていいプラスチックに、ポリエチレンナフタレート（略語PEN）があります。ポリエチレンテレフタレートよりも耐熱性が優れており、フィルム、シート、容器等に使われています。

図6.11 ポリエチレンテレフタレート製の各種びん（日精エー・エス・ビー機械）

6.12 ポリブチレンテレフタレート（略語PBT）

ポリブチレンテレフタレートは、フタル酸と1,4ブチレングリコールをエステル結合で結んだプラスチックです。結晶性で耐熱性があり、射出成形性に優れています。

ガラス繊維を配合して強化した難燃性の品種が自動車部品、電子・電気機器部品などの工業用品の製造に広く使われ、エンジニアリングプラスチックに属しています。

6.13 変性ポリフェニレンエーテル（略語m−PPE）

変性ポリフェニレンエーテルは、変性ポリフェニレンオキサイド（略語m−PPO）とも呼びます。普通のポリフェニレンエーテル（略語PPE）は、ポリフェニレンエーテルと耐衝撃性ポリスチレンのポリマーアロイで、代表的なエンジニアリングプラスチックです。耐熱性が高く、主として難燃化した品種が、射出成形により家電製品のほか広く部品として使われています。変性ポリフェニレンエーテルは、ポリアミドとのポリマーアロイ材料にすることも行われ、これは自動車部品に多く使われています。

変性しないポリフェニレンエーテルの射出成形品は、放置しておくと割れてしまい、実用に耐えません。

6.14 液晶ポリマー（略語LCP）

液晶ポリマーは、溶融した状態でも分子が棒状の結晶のままの形を保っ

図6.12 液晶ポリマー製リードレスチップキャリア
（ポリプラスチックス）

ているポリマーの総称ですが、現在製造されている液晶ポリマーは、芳香族エステル単位を基本とする分子構造を持っているプラスチックです。液晶ポリマーには、共重合性分の異なる、耐熱性と流動性の違った品種があります。

射出成形すると、ガラス繊維で強化した熱可塑性と同等の大きな剛性をもった耐熱性に優れた製品ができます。コネクターを始めとする電子部品の製造に多く使われています。耐熱性を活かして厨房用調理器具にも使われています。

6.15 ふっ素プラスチック

ふっ素（弗素）プラスチックは、ふっ素を含んでいる熱可塑性プラスチックの総称で、数多くの種類のものがあります。

これらの中で最も良く知られているのはポリテトラフルオロエチレン（略語PTFE。ポリ四ふっ化エチレンともいう）です。ポリテトラフルオロエチレンは加熱して溶かして加工するのが難しいので射出成形はできません。押出成形でも通常のスクリュータイプのものでは成形できないので、ラム押出機という特殊な押出機を使って成形します。ポリテトラフルオロエチレンの成形品やフィルムは、ポリテトラフルオロエチレンの粉末を圧縮して固型状にした後に、焼結して作ったブロック等を機械加工等で切り出して作ります。製品は耐熱性に優れ、不燃性で、摩擦係数が小さいという特長をもっています。またポリテトラフルオロエチレンの粉末は、他のプラスチックに混ぜて、摩擦係数の小さい材料を作るときにも使われています。

ポリ三ふっ化塩化エチレン（略語PTFCE。ポリ塩化三ふっ化エチレン、三ふっ化エチレン樹脂ともいう）は、三ふっ化塩化エチレンを各種の重合方法によって作ったポリマーで、重合条件によって油状、グリース状、ゴム状の低次重合体から強靱な高次重合体まで、さまざまな性状を持ったものが得られます。成形性もよく射出成形、押出成形、圧縮成形などで任意の形状の製品に加工できます。耐薬品性や耐熱性はポリテトラフルオロエチレンよりやや劣りますが、他のプラスチックに比べると抜群の性能を持っています。ポリ三ふっ化塩化エチレンの微粉末を有機溶剤に分散させたディスパージョンを利用してピンホールのない塗膜を簡単に形成させることができるので、防食用ライニング材料にもなります。

これらのほかに、射出成形や押出成形ができ、難燃性、耐薬品性、耐熱性の優れたいろいろなふっ素プラスチックがあります。これらにはエチレン／テトラフルオロエチレンコポリマー（略語ETFE）、ポリパーフルオロエチレンプロピレン（略語FEP）、ポリモノクロロトリフルオロエチレン（略語PCTFE）、ポリパーフロロアルコキシアルカン（略語PFA）などがあり、いずれも、特殊用途に使用する電線の被覆や耐熱性、耐薬品性などを必要とする工業用品に使われています。

6.16 セルロース系プラスチック

セルロース（繊維素）プラスチックとは、たとえば各種のエステルのような繊維素誘導体を主原料とし、これに可塑剤を加えて作る半合成プラスチックです。セルロース系のプラスチックにはニトロセルロース、アセチルセルロース、アセチルプロピオニルセルロース、アセチルブチルセルロース、カルボキシメチルセルロースなどがあります。

これらのうち、ニトロセルロース（略語CN）は樟脳で可塑化したもので、セルロイドの名でよく知られていました。最初にプラスチックとして登場したのもこのセルロイドです。しかし、燃えやすいという欠点があり、すでに過去のものとなってしまいました。

アセチルセルロース（略語CA）は、セルロースアセテートとも呼ばれ、繊維としてはアセテート系半合成繊維として使用され、プラスチックとしては弾性があり、しっとりとした風合の良い材料として射出成形品として使用されています。アセチルプロピオニルセルロース（略語CAP）とアセチルブチルセルロース（略語CAB）は、アセチルセルロースに似たプラスチックです。カルボキシメチルセルロース（略語CMC）は水溶性のプラスチックです。

6.17 その他の主な熱可塑性プラスチック

以上に述べたもの以外にも種々の特殊な用途に使用する熱可塑性プラス

チックがあります。そのうちの主なものを挙げてみましょう。

ポリ塩化ビニリデン（略語PVDC）は主にフィルムに加工されています。このフィルムはガスバリア性と耐熱性が優れており、ラップフィルムとして利用されており、一部はブロー成形で容器が作られています。

ポリアクリロニトリル（略語PAN）は、繊維ではアクリル繊維として衣料に使用されています。押出加工によるフィルムやブロー成形による瓶や射出成形品が作られていますが、酸素や炭酸ガスの透過を防ぐような用途に使われています。

ポリビニルアルコール（略語PVAL。またはPVOH）は、ポバールとも呼ばれ、水に溶けるプラスチックです。主に接着剤として使いますが、フィルムにして養生用に使うこともあります。

エチレン－ビニルアルコールプラスチック（略語EVOH）は、酸素や炭酸ガスを透過し難いので、多層フィルムや多層ブロー成形品のバリア層として使われています。

ポリフェニレンスルフィド（略語PPS）は、耐熱性が優れており、ガラス繊維を配合して強化した材料が、耐熱性を必要とする工業部品に使用されています。

シクロオレフィンコポリマー（略語COC）は、完全に透明なプラスチックで、光学用製品や部品に使用されています。

ポリアリレート（略語PAR）は、透明で、反発弾性に優れ、耐熱性の高いプラスチックで、主として工業部品に使用されています。

ポリエーテルエーテルケトン（略語PEEK）は、耐熱性が極めて優秀なプラスチックで、射出成形品として工業部品に使用されています。

ポリ（4－メチルペンター1－エン）（略語PMP）は、メチルペンテンポリマー（TPX）とも呼ばれるプラスチックで、プラスチックの中では最も軽く、比重は0.83、透明で結晶化度が高い。高密度ポリエチレンやポリプロピレンによく似た性質をもっているが、これらと比べて耐熱性は高く約200℃の使用に耐えます。

ポリスルホン（略語PSU）は、高耐熱性、難燃性、透明性、クリープ特性、低収縮性、耐電気絶縁性、耐水性、耐薬品性など数多くの特長をもっており、電子部品、機械部品、バッテリーケースなどに使用されています。

その他にも、**ポリエーテルイミド**（略語PEI）、**ポリエーテルスルフォ**

ン（略語PES)、**ポリアミドイミド**（略語PAI)、**熱可塑性ポリイミド**（略語PI）などがあり、いずれも押出加工、射出成形のできるプラスチックで、それぞれの特長を活かして、主に工業分野で使用されています。

6.18 ポリマーアロイ

ポリマーアロイは、２種類のポリマーを混ぜ合わせて押出機で溶融混練して作った材料です。混ぜ合わせる前のポリマーより衝撃に対して強くしたり、耐薬品性を向上させたり、加工し易くしたり、さらには価格を安くしたりしたプラスチックです。ポリマーアロイは略してアロイと呼ばれたり、ブレンドポリマーと呼ばれることもあります。

6.13で説明した変性ポリフェニレンエーテルもポリマーアロイです。もとのポリフェニレンエーテルは衝撃に対して弱いプラスチックなので、耐衝撃性ポリスチレンやポリアミドを混ぜることによって加工温度を下げ、射出成形品が割れないように変性したものです。

ポリカーボネートにABSプラスチックを混ぜて、両者の特長を合わせ持ち、成形し易くし、さらに価格も下げたポリカーボネートとABSプラスチックのアロイ（略語PC＋ABS。PC／ABSアロイともいう）があり、その他にも数えきれないほどのアロイがあります。

２種類のポリマーを押出機で混練して押し出すだけでは混り合わないポリマーもあります。この場合は「相溶性がない」と言い、相溶化剤を使って混ぜたり、さらには押出機の中で２種類のポリマーを反応させてグラフトポリマーにしたものもあります。押出機の中で反応させる方法を反応押出といいます。

ポリマーアロイの性質は、混ぜ合わせた２種類のポリマーの中間になるのが普通です。元のプラスチックの欠点を補って新しい性質のプラスチックが製造できることになります。新しいポリマーを製造するためには膨大な設備投資が必要ですが、ポリマーアロイ法による新しいポリマーは、押出機を設置するだけで製造できるという特長があります。

6.19 熱可塑性プラスチックの複合材料

熱可塑性プラスチックは、プラスチック以外の種々の材料と複合化することで新しい性質をもったプラスチックとして使われることがあります。従来からの材料の欠点を補うだけでなく、複合することでより優れた性質を持たせることもできます。

6.19.1 繊維強化熱可塑性プラスチック（略語FRTP）

熱可塑性プラスチックの剛さが不足しているという欠点を補うため、繊維を配合したのが繊維強化熱可塑性プラスチックです。複合することにより剛性が高くなるだけでなく、射出成形したときの成形収縮率が小さくなり、温度による寸法変化、すなわち熱膨張係数も小さくなります。現在ではほとんどすべての熱可塑性プラスチックに繊維強化した品種があります。

強化に使う繊維のうち代表的なものはガラス繊維です。その他に炭素繊維、チタン酸カリウムなどのウィスカーと呼ばれる無機物の針状結晶、アラミド繊維などの合成繊維、竹などの天然繊維も使われています。

短く切ったガラス繊維を質量比で30％ぐらい混ぜたのがガラス繊維強化熱可塑性プラスチック（略GRTPまたはGFRTP）です。このプラスチックは精密な射出成形品の製造に適していますが、ガラス繊維が成形品の表面に浮き出しやすいという欠点があり、また、射出成形するときにプラスチックの流れる方向によって成形収縮率が違ってしまうという欠点もあります。細かく束ねた紐状のガラス繊維の周囲を、電線被覆のように包み込み、これを長さ５㎜程度に切って作ったペレットもあります。これは長繊維強化熱可塑性プラスチックと呼ばれているもので、通常のペレットで成形したものよりも強度が大きいという特長をもっています。

ペレットは別に、ガラス繊維のマットで強化した熱可塑性プラスチックがあります。これはスタンパブルシートと呼ばれ熱圧縮成形法で製品を作ります。自動車の外装材などに使われています。

炭素繊維で強化したのが炭素繊維強化熱可塑性プラスチック（略語CRTPまたはCFRTP）です。炭素繊維は軽く、鉄より強い繊維ともいわれ、熱可塑性プラスチックと複合して極めて強い製品ができます。導電性でもあるので、帯電防止の必要な製品にも使うことができます。

亜麻などの天然繊維で強化したのが天然繊維強化熱可塑性プラスチックです。剛性を上げる効果はあまりありませんが、軽くて丈夫なので自動車部品などに使われています。

6.19.2 その他の複合熱可塑性プラスチック

木粉を充填した熱可塑性プラスチックもあります。大量の木粉を充填したポリプロピレンの成形品は、木材に似た性質と外観を持っています。木粉の充填の割合が35%以下の場合は射出成形加工や押出成形加工ができますが、それ以上になると射出成形加工は困難になり、押出成形加工だけになります。成形品は家具や屋外のデッキ（ウッドデッキと呼ばれている）などがあります。

繊維以外の無機物を熱可塑性プラスチックに充填することもあります。この場合も熱可塑性プラスチックの剛さの不足を補うことができ、成形性の改良、コストの低減などの目的で複合化することもあります。例えば、タルクを充填したポリプロピレンがそれで、自動車部品などに使われています。薄片状の無機物、例えば雲母の微粉を充填すると、射出成形の時に流れる方向による収縮差が少なく、そり、曲がり、ねじれの少ない成形品が得られるという特長があります。

極めて寸法の小さいナノメートル（nm、10億分の1 m）のサイズの材料を熱可塑性プラスチックに配合した複合材料があります。例えば、nmのサイズまで分散させた粘土（ナノクレイ）を使用すると、少量を添加しただけで、プラスチックの性質が大幅に向上します。ナノ粘土を添加して補強したポリプロピレンは自動車部品等に使われています。ただ、微細なナノ粒子は、凝集して大きな粒子になる傾向を持っているので、凝集させず均一に分散させるためには特別な方法をとる必要があります。ナノ粘土をポリオレフィン系プラスチックに添加した材料で作ったフィルムは透明で、ナノクレイ層が均一に分散しているため、ガスバリア性が優れているという特長もあります。

新しい充填材料としてはカーボンナノチューブがあります。主としてエンジニアリングプラスチックに充填した成形材料が作られていますが、現時点ではまだわずかな量しか製造されていません。成形性に優れ、寸法安定性や剛性の高い製品が得られます。導電性があるので、ちりやほこりをきらう精密部品工場などの用具、運搬容器などの用途や静電気が発生することによって爆発事故などにつながるような機器やプラントなどで使用する部品などの用途が考えられています。

プラスチック磁石とかボンデッドマグネットと呼ばれている磁石も熱可塑性プラスチックの複合材料です。金属粉末を混合した熱可塑性プラスチックを射出成形あるいは押出成形で加工した後に、加工したものに強い磁場を使って金属粉末に磁性を持たせ（着磁）したものです。射出成形品は精密な電子・電気製品で幅広く使用され、押出成形品としては冷蔵庫のドアパッキンや種々の長さにカットしたものが日用品や事務用品などにも使われています。

導電性のプラスチックも複合材料のひとつです。熱可塑性プラスチックに電気を通す充填材料（カーボンブラック、炭素繊維、金属繊維など）を充填したもので、これによって熱可塑性プラスチックに導電性を付与したものです。電気を通すといっても電気抵抗はそれほど小さいわけではなく、静電気を逃がす程度のものから、電気機器内で発生する電波を外部に漏らさないようにする、いわゆる電磁波シールドに使う程度のものです。

オレフィン系樹脂を約49%、紙をパウダー化して51%を配合した製品も出てきています。ナフサ原料使用量の削減、CO_2削減などの効果がありながら、成形条件の変更は必要なものの、ほぼ従来の設備で生産できます。

6.20 生分解性プラスチック

生分解性（微生物分解性）プラスチックは、成形加工するときや製品として使っているときには普通の熱可塑性プラスチックと同じような性質を持っていますが、使い終わったのち、例えば土の中に埋めて置くと微生物によって分解されるようなプラスチックのことです。フィルムやボトルに使用されています。生分解性プラスチックで作った農業用のマルチフィルムの場合、使用後のフィルムは、集めて処理する必要がなく、そのまま土中に鋤（スキ）込んでしまえるといった利点があります。育苗ポットなども同じような効果があります。石油系のプラスチックに特殊配合して生分解性を付与したもののほかに、植物由来材料を原料として作ったものの中にも生分解機能をもったものがあります。

6.21 その他の特殊な熱可塑性プラスチック

その他の熱可塑性プラスチックの中には、ポリマー自体が電気を通す性質をもっているポリアニリンやポリパラフェニレン、ポリピロール、ポリチオフェン、ポリ（3－メチレンチオフェン）などがあります。電気を通すと発光するポリマーや光や熱に曝すと電気を起こすポリマーもあります。

こうした性質を生かして、電子部品のセンサーなど種々の電子・電気部品に使われています。将来はこうした特殊機能をもったプラスチックが数多く生産されるようになるでしょう。

6.22 熱可塑性エラストマー（略語TPE）

熱可塑性エラストマーは、熱可塑性プラスチックエラストマーとも呼び、略語はこの後者からとったものです。熱可塑性エラストマーは加熱すると軟化溶融し、冷やすと固まってゴムのような弾性をもった固体になり、一般の熱可塑性プラスチックのように加熱、冷却を繰り返すことができます。

熱可塑性エラストマーは、熱可塑性プラスチックと同じように大きな長い分子から成り立っていますが、分子構造が違っていて、熱可塑性エラストマーは分子が柔らかい部分（ソフトセグメントと言う）と硬い部分（ハードセグメントと言う）からできています。

熱可塑性エラストマーにはスチレン系（略語TPS）、オレフィン系（略語TPO）、塩化ビニル系（略語TPVC）、ウレタン系（略語TPU）、ポリアミド系（略語TPA）その他多くの種類のものがあります。

熱可塑性エラストマーは弾性を必要とする用途に使われ、一般の熱可塑性プラスチックと同じように射出成形、押出成形などで簡単に加工でき、ペレット状で供給されます。熱可塑性エラストマーの種類の中に、熱で加工すると架橋するものがあります。これは動的架橋熱可塑性エラストマー（略語TPV）といわれるものですが、一般の熱可塑性エラストマーと同様に加工が簡単なうえ、物理的性質がより優れたものが製造できます。代表的なものとしてはポリプロピレンとEPDM（エチレンとプロピレンと架橋用のジエンモノマーの共重合体）から製造した動的架橋熱可塑性エラストマーがよく知られています。

7 熱硬化性プラスチック

熱硬化性プラスチックは、加熱すると流れるようになり、さらに加熱を続けると原料とは異なった網状の化学構造になって硬化します。硬化したものは溶剤に溶けず、加熱しても溶融しません。フェノール樹脂、ユリア樹脂、メラミン樹脂などがこれに属しています。原料（成形用材料）メーカーは、充填材と着色剤などを加えた粉末状あるいは顆粒（グラニュール）状の成形材料として供給しています。

このほかに液体状の原料を使うものがあります。化学反応によって固化するもので、液体状の原料を混ぜ合わせるだけで化学反応が起こって固化する場合と、触媒の作用によって固化する場合、あるいは熱や光によって固化する場合などがあります。この種類のプラスチックの中には、溶剤に溶けず加熱しても溶けないという熱硬化性プラスチックの定義に合わないものもあります。すなわち、固化したものが熱可塑性エラストマーや熱可塑性プラスチックになってしまうのです。しかし、普通は熱硬化性プラスチックとして扱われているので、本書でも熱硬化性プラスチックとして取り扱うことにしました。この種類のプラスチックには不飽和ポリエステル樹脂、エポキシ樹脂、ポリウレタン、けい素樹脂などが含まれています。

7.1 フェノール樹脂（略語PF）

フェノール樹脂には、フェノール－ホルムアルデヒド樹脂（狭義のフェノール樹脂）の他に、キシレノールホルムアルデヒド樹脂（キシレノール樹脂）やレゾルシノールホルムアルデヒド樹脂（レゾルシノール樹脂）等が含まれています。フェノール樹脂の成形用材料としては紙やセルロースを充填した

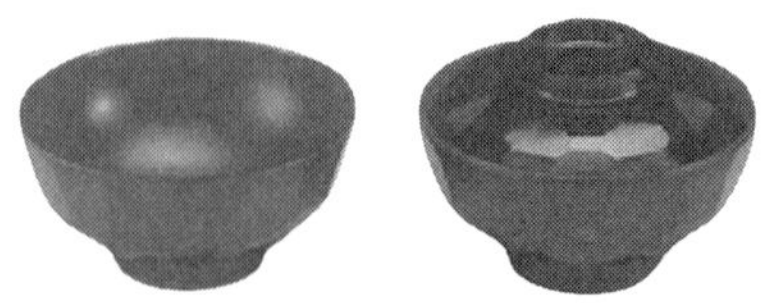

図7.1　フェノール樹脂製碗（台和）

ものと、ガラス繊維を充填したものがあります。成形したものはいずれも電気的な性質が良く、なかでもガラス繊維を充填したものは特に耐熱性が優れています。電気絶縁用として工業製品分野で広く使用されているほか、家具や建材の化粧板のベース板、塗物の食器や容器等の下地材などの日用品分野でも使われています。フェノール樹脂そのものの色が黄褐色なので、茶色か黒色にしか着色できません。古くは石炭酸樹脂とも呼ばれていました。

7.2 ユリア樹脂（略語UF、ユリアーホルムアルデヒド樹脂）

ユリア樹脂は、ユリアとホルムアルデヒドを反応させて作ったもので無色です。主な用途は接着剤で、成形品としては食器、容器などの日用品が作られています。成形用の材料には充填材としてパルプなどのセルロースが使用されています。尿素樹脂と呼ぶこともあります。

7.3 メラミン樹脂（略語MF、メラミンーホルムアルデヒド樹脂）

メラミン樹脂は、メラミンとホルムアルデヒドを反応させて作ったもので、無色で耐熱性に優れています。セルロースを充填した成形材料で作った製品は硬くて耐熱性があるので、食器用に多く使用されています。硬くて傷つきにくく、煙草などの焼けこげ跡もつきにくいほど耐熱性に富んでいることから、テーブルトップなどの表面材にも使われています。その他塗料や接着剤などにも使われています。

同系統のものにメラミン－フェノール樹脂（略語MPF）があります。メラミンとフェノールおよびホルムアルデヒドの共縮合樹脂で、フェノール樹脂のように色がついていないし変色することがありません。耐アーク性や成形収縮率などはメラミン樹脂とフェノール樹脂の中間にあります。淡色フェノール樹脂と呼ぶこともあります。

7.4 不飽和ポリエステル樹脂（略語UP）

不飽和ポリエステル樹脂は、スチレンモノマーの中にビニル基をもったポリエステルを溶かした樹脂が主なものです。簡単にポリエステルと呼ぶことがあります。繊維の中にポリエステル繊維というものがありますが、これはポリエチレンテレフタレートの繊維のことで、不飽和ポリエステルとは全く別のものです。

不飽和ポリエステル樹脂はそのままでは強度が小さいので、ガラス繊維等で強化したものが使われています。繊維で強化したものを繊維強化プラスチック（略語FRP）といいますが、ガラス繊維で強化したものをGFRP、炭素繊維（カーボンファイバー）で強化したものをCFRPと区別して呼ぶこともあります。

ガラス繊維強化不飽和ポリエステルは強度が非常に高く、漁船、ボートなどの本体や各種の遊具、航空機、タンク車、簡易ハウス、バスタブ、浄化槽など広い分野で使用され、炭素繊維強化プラスチックは、自動車、航空機、産業機械などの構成部材などに使われています。

不飽和ポリエステル樹脂、触媒、ガラス繊維、充填材等を混合した成形材料をプレミックスと言い、プレミックスのうち塊状のものをBMCまたはDMC、シート状のものをSMCと言います。

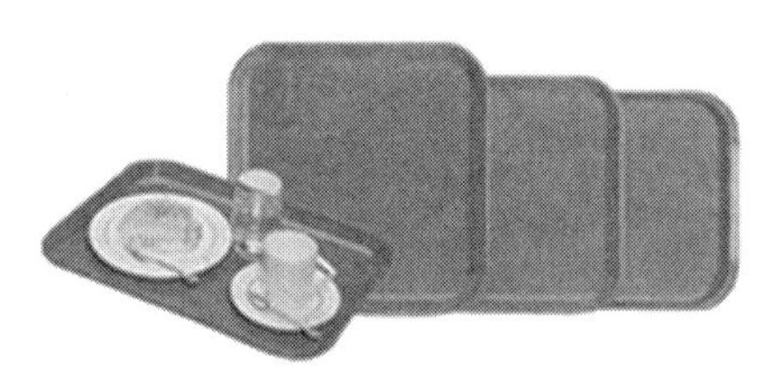

図7.2　ガラス繊維強化不飽和ポリエステル樹脂製トレイ（三信化工）

図7.3　ガラス繊維強化不飽和ポリエステル樹脂製漁船。現役最大級の158トン型（産業資材新聞社提供）

7.5 エポキシ樹脂（略語EP）

エポキシ樹脂は接着性にすぐれ、寸法安定性がよく、機械的性質、電気絶縁性、耐薬品性などにすぐれており、こうした性質を利用して金属用の接着剤や塗料、耐食材料など広い分野で使われています。エポキシ樹脂の液状材料は常温でも固化するので、電子部品の封入成形（エンキャップ成形）にも多く使われています。

ガラス繊維や炭素繊維を配合して強化したエポキシ樹脂は、強度が大きいので、主に工業用途に使われています。なかでも炭素繊維強化エポキシ樹脂は、極めて強度が高く、しかも軽いので、航空機の翼やボディ、宇宙機器用部品などに使われるほか、ゴルフのクラブのシャフト、釣り竿、ラケット等のフレームなどの日常に使う製品にも使われています。炭素繊維強化エポキシ樹脂はCF／EPあるいはCFREPと呼ぶこともあります。

光で硬化反応の起こる触媒を配合した光硬化性エポキシ樹脂は、光造形法によるモデル製造にも使われています。

7.6 ポリウレタン（略語PUR）

ポリウレタンは大きく分けると３種類あります。その一つは軟質ポリウレタンフォームです。マットレスや椅子などの中身や梱包材など、クッション性の必要な部分に使われています。もう一つは硬質ポリウレタンフォームです。硬く発泡したもので、建物の断熱材、冷蔵庫の外壁と内壁の間にサンドイッチした断熱材などに使われています。三つ目は熱可塑性ポリウレタン（略語TPU）で、熱可塑性エラストマーの一種です。

軟質ポリウレタンフォーム、硬質ポリウレタンフォームともに、二つの原料（ポリオールとジイソシアネート）と発泡剤を混ぜ、化学反応させて直接製品とします。例えば、冷蔵室を作る時に、建物の外壁と内壁の間にこの混合材料を注入すると、混合材料はその間隙内で発泡して硬化し、断熱効果だけでなく内外壁面に密着するので、建物の構造が強化されるという特長もあります。

また、この配合材を金型の中で製品にすることもあります。この方法は反応射出成形と呼んでいます。

ポリウレタンは発泡体のほかに塗料や接着剤にも使われています。

7.7 けい素樹脂（略語SI）

けい素樹脂はシリコーン樹脂とも呼びます。けい素を含んだ熱硬化性プラスチックの総称で、シリコーン系熱可塑性エラストマーのような軟らかいものから硬いものまであります。耐熱性、耐薬品性、耐候性に優れており、電気部品、シール材、医療器具などに使われ、最近では耐熱性と柔軟性を活かして電子レンジ用などの調理容器に使われています。

シリコーン樹脂は液体射出成形（LIM）や、二つの液体成分を反応させる注型法によって製品を作ります。

7.8 ポリジアリルフタレート樹脂（略語PDAP）

ポリジアリルフタレート樹脂は、高温で高い湿度のもとでも電気的な性質が優れたプラスチックです。主として電気絶縁用部品として使用されていますが、化粧板の表面材に使うこともあります。

7.9 熱硬化性ポリイミド樹脂（略語PI）

熱硬化性ポリイミド樹脂は、極めて耐熱性に優れたプラスチックで、特に耐熱性の高さを必要とする工業部品等に使われています。

プラスチックの加工

プラスチックは熱を加えると軟らかくなって溶け、熱し続けるか冷やすと固まるという性質を持っており、プラスチックの成形用材料を製品に加工する場合この性質を利用している場合がほとんどです。

この方法を図で表してみると次のようになります。

この加工方法に属するものとしては射出成形、押出成形、ブロー成形、圧縮成形、トランスファー成形、カレンダー加工、回転成形などがあります。

プラスチックの加工方法には、このほかに、原料の液体（モノマー）を触媒と一緒に型の中に注入して重合させて製品を作る方法や、２種類の原料液体を混ぜ合わせて反応させ、発泡体を作る方法もあります。

このうち、モノマーから製品を作る方法のうちでは、メタクリル酸メチルモノマーに触媒を加えてガラス板の間で固めて、ポリメタクリル酸メチルの板を作る方法が、工業的に大規模で行われています。また、ε（イプシロン）カプロラクタムから注型法によってポリアミド６の成形品を作る方法も、少量生産の時に行われています。

２種類の原料液体を混ぜてプラスチック製品を作る方法で使う主なプラスチックとしては不飽和ポリエステル樹脂、ポリウレタン、けい素樹脂があります。この加工方法にはいくつかの種類があります。混ぜた原料液体を単に金型に注ぎ込む注型法、混ぜた液体を金型に吹き付けて成形品を作るスプレイアップ法、混ぜた液体に圧力をかけて金型に送り込む反応射出成形法（RIM）と液体射出成形法（LIM）などがそれです。超臨界流体を熱可塑性プラスチックに溶解し、圧力の低下によって、微細発泡製品を作るという加工方法も、２種類の原料液体を混ぜてプラスチック製品を作る方法の変形といえるでしょう。

熱可塑性プラスチックの板、フィルム、シート、パイプなどを再び加熱して製品にする方法もあります。代表的なものとしては熱成形（真空成形、圧空成形)、一部のブロー成形、スタンパブルシート成形などがあります。

プラスチック製品はさらに機械加工、接着、溶着、塗装、印刷、ホットスタンプ、めっきなどが行われることもあります。

プラスチック加工では、一つの製品を作るのに二つ以上の方法があることがあります。例えば、軟質のポリ塩化ビニルフィルムは押出加工でもカレンダー加工でも製造できます。また、ポリメタクリル酸メチルのシートは押出加工でも注型加工でも製造できます。フェノール樹脂などの熱硬化性プラスチックの成形品は圧縮成形でも、トランスファー成形でも、また射出成形でも作ることができます。

どのような成形法を採用するかは、要求される製品の価格、品質、生産数量などによって決まります。

8.1 射出成形（インジェクションモールディング）

プラスチック加工で代表的な成形法です。プラスチック全体の約30%がこの成形法で加工されています。1個1㎎といった小さなものから、100kg以上という大きな製品まで作られています。

射出成形は、従来は熱可塑性プラスチックの加工法でしたが、現在では熱硬化性プラスチック、熱可塑性エラストマー、熱可塑性ゴムの加工にも使われています。さらに、ゴムの成形、金属製品を作るためのバインダーを入れた金属粉の成形（MIM)、セラミック製品を作るためのバインダーを入れたセラミック粉の成形（CIM）の成形にも使われています。射出成形法はプラスチック以外の材料の加工にも使用され、代表的なものとしてはマグネシウム合金の加工があります。

射出成形とは、プラスチック材料を加熱溶融して可塑化し、これを閉じた金型内の空隙（製品になる部分の空隙で、キャビティという）に注入し、材料を冷却固化して製品を作る方法です。

射出成形機は、プラスチック材料を可塑化してキャビティに射出する射出機構と、金型を開閉したり型を閉じて締め付ける型締機構によって構成されています。一般に使われている射出成形機の構造を**図8.1**に示しました。この図の射出成形機は型開閉が左右に行われ、射出機構も水平で、横型射出成形機といいます。これに対して**図8.2**に示した射出成形機は、型

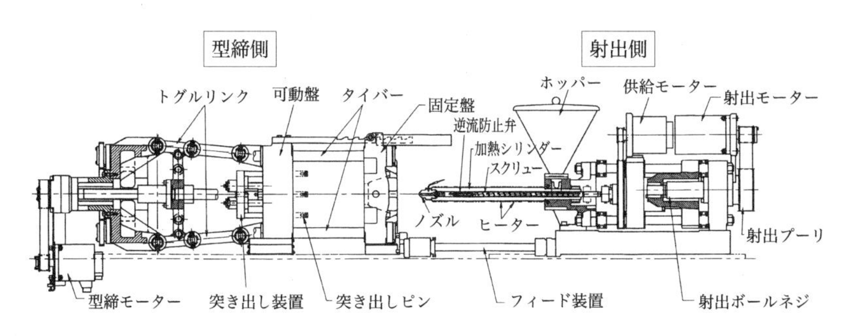

図8.1　電動横型射出成形機の構造（ニイガタマシンテクノ）

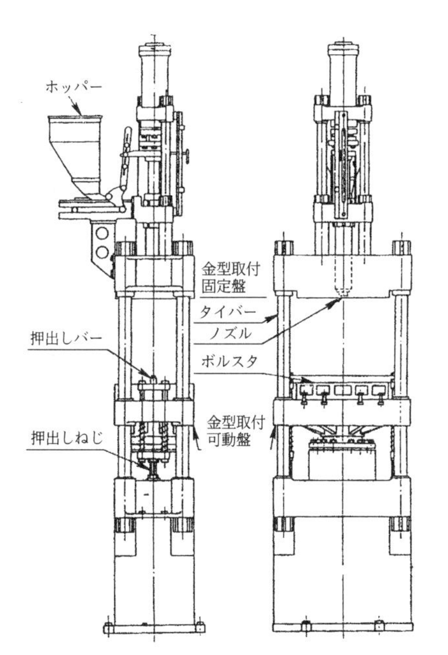

図8.2　縦型射出成形機の構造（左：横面、右：正面）

開閉が上下の方向に動き、射出機構も垂直になっています。このタイプのものは縦型（たてがた）射出成形機といいます。

8.1.1 熱可塑性プラスチックの射出成形

熱可塑性プラスチックの射出成形に一般的に使われているのは、スクリュー式射出成形機（インラインスクリュー式射出成形機ともいう）です。

スクリュー式射出成形機は、熱可塑性プラスチックをホッパーから適当な温度に加熱したシリンダーに供給し、スクリューの回転によって可塑化するとともに、可塑化した材料をスクリューの前方に送ることで始まります。送られた可塑化材料はシリンダーの先端部に溜まり、溜まった材料の圧力（背圧という）によってスクリューはシリンダーの中で後退します。1回の射出成形に必要な量がスクリューの前方に溜まったところでスクリューの回転を止めます。ここまでの工程を「可塑化工程」といいます。

次に、回転を止めているスクリューを一挙に前進させると、溜めてあった溶融した熱可塑性プラスチックは高い圧力と早い速度で、金型キャビティに送り込まれます。この工程を「射出工程」といいます。

射出工程では、溜まった熱可塑性プラスチックの全体量を射出するのではなく、僅かの量をスクリューの前方に残しておくのが普通で、この残す量のことを「クッション量」といいます。この工程は、金型内の溶融プラスチックの温度の低下によって起こる収縮を補うために、スクリューに圧力をかけ、溶融した材料を金型内に送り続けるためのもので、この工程を「保圧工程」といいます。これに次いで、金型内の熱可塑性プラスチックを金型内で冷却して固化させます。この工程を「冷却工程」といいます。

金型は常温の水あるいは冷凍機で冷やした水で冷却するのが普通ですが､射出成形品の品質に対する要求あるいはプラスチックの種類によって、射出成形品が固化する温度以下に、温水、加熱した油、電熱などによって金型を温めることもあります。

次いで、金型を開いて固化した射出成形品を取り出します。手で取り出してもいいわけですが、金型から成形品を突き出す機構で突き出して落下させたり自動取出機やロボットを使って取り出します。この工程を「突き出し工程」といいます。

以上の工程で1回の射出成形の操作が終わります。このような複雑な工程が射出成形機の制御機構によって行われますが、必ずしも1工程を終わったら次の工程に移るわけではなく、突出し工程中に可塑化工程を開始することや、ごく薄肉の小さな成形品の成形では、保圧工程を省略することもあります。射出成形の動作を**図8.3**に示しました。

射出成形はコンピューター制御によってシリンダー各部分の温度、射出量、射出速度、射出圧力、保圧力、冷却時間などの射出成形条件の正確な保持や、前回の設定条件の精密な再現などができるようになっています。

射出成形機の運転方法は、1回だけ射出成形スタートのボタンを押すと、1サイクル終わると続いて次のサイクルが始まるというように連続して行われるものを全自動運転、1サイクルごとにボタンを押して運転するものを半自動運転といいます。

スクリュー回転、金型の開閉及び型締め、スクリュー前進（射出）、成形品突出しなどの射出成形工程のすべての駆動源はこれまでほとんどが油圧に依存してきました。しかし、近年ではこれらを全部電気サーボモー

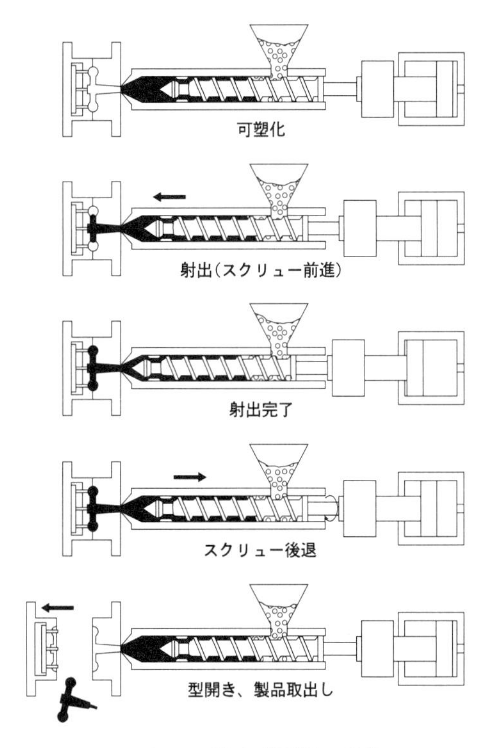

図8.3　射出成形機の動作

ターを使って駆動する方式のものが数多く利用されるようになっています。前者を油圧式射出成形機、後者を電動式あるいは電気式射出成形機と呼んでいます。

油圧式、電動式ともに優れた特長を持っていますが、それぞれ欠点とみられる面を持っています。両者の特長を生かす目的で油圧と電動を組み合わせたタイプの射出成形機も使用されています。

熱可塑性プラスチックの射出成形品は日用品から工業用品まできわめて多岐にわたっており、また成形に使用する材料も汎用プラスチックやエンジニアリングプラスチックから熱可塑性エラストマーまで広く対象になっています。

射出成形機の大きさは、最大の型締力によってkN（キロニュートン）または簡単にton（トン）で表します。最大型締力が1,000kNの射出成形機は1,000kNの射出成形機（または1,000tonの射出成形機は1,000tonの射出成形機）と呼びます。

射出成形では使用する金型が重要な役割をします。射出成形機のノズルから射出された溶融したプラスチックは、金型のスプルー、ランナー、ゲートを通ってキャビティに射出・充填され、冷却、固化された後に金型から外（離型）されます。

金型のスプルー、ランナー内の成形材料を溶融したままにしておくホットランナー金型というタイプの金型を使用すると、スプルーやランナーを形成しないですむので、大量の成形品を連続して生産する場合には大きな合理化になります。

図8.4に射出成形用金型の基本構造を示しました（この図の場合、開閉が上下に行われるよう示されていますが、左右に開閉する場合も同じ構造です）。

Ⅰはスタンダードタイプのもので、最も簡単で基本となるものです。Ⅱは、固化した成形品をストリッパープレート（突出し板）を使って突き出すもので、成形品の縁を突いて金型から成形品を外すタイプのものです。Ⅲは、スリープレートタイプ（３枚型）といわれるもので、ピンポイントゲートを使う金型に使用するものです。

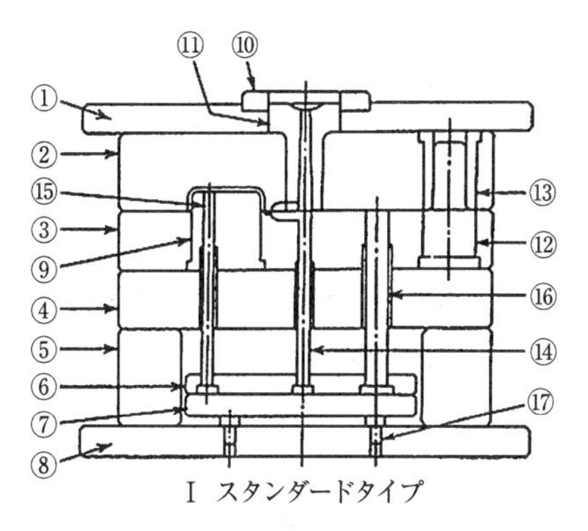

Ⅰ スタンダードタイプ

番号	名　　称	番号	名　　称
1	固定側取り付け板	10	ロケートリング
2	固定側型板	11	スプルーブシュ
3	可動側型板	12	ガイドピン
4	受け板	13	ガイドピンブシュ
5	スペーサーブロック	14	スプルーロックピン
6	エジェクタープレート上	15	エジェクターピン
7	エジェクタープレート下	16	リターンピン
8	可動側取り付け板	17	ストップピン
9	コ　ア		

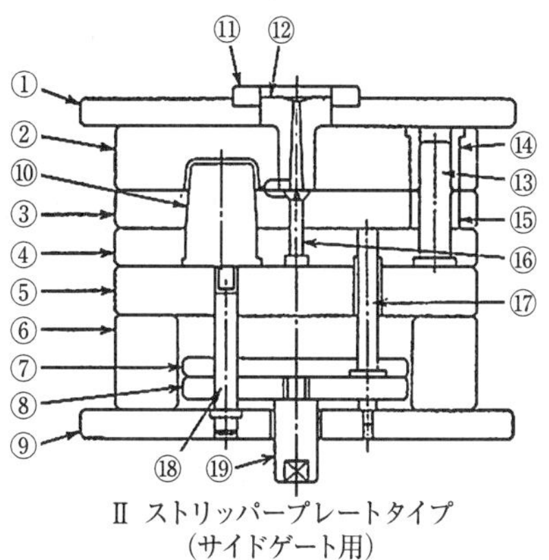

Ⅱ ストリッパープレートタイプ
(サイドゲート用)

番号	名　　称	番号	名　　称
1	固定側取り付け板	11	ロケートリング
2	固定側型板	12	スプルーブシュ
3	ストリッパープレート	13	ガイドピン
4	可動側型板	14	ガイドピンブシュ
5	受け板	15	ガイドピンブシュ
6	スペーサーブロック	16	スプルーロックピン
7	エジェクタープレート上	17	リターンピン
8	エジェクタープレート下	18	エジェクタープレートガイドピン
9	可動側取り付け板	19	エジェクターロッド
10	コ　ア		

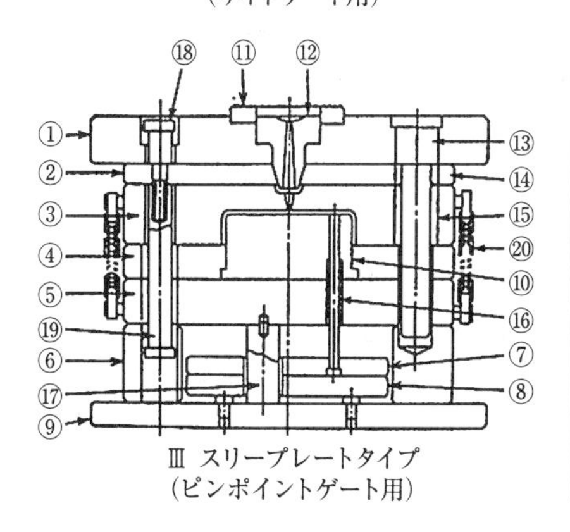

Ⅲ スリープレートタイプ
(ピンポイントゲート用)

番号	名　　称	番号	名　　称
1	固定側取り付け板	11	ロケートリング
2	ランナーストリッパープレート	12	スプルーブシュ
3	固定側型板	13	サポートピン
4	可動側型板	14	ガイドピンブシュ
5	受け板	15	ガイドピンブシュ
6	スペーサーブロック	16	エジェクターピン
7	エジェクタープレート上	17	サポート
8	エジェクタープレート下	18	ストップボルト
9	可動側取り付け板	19	プラーボルト
10	コ　ア	20	チェーン

図8.4　射出成形用金型の基本構造

8.1.1.1　特殊な射出成形法

(a)　インサートおよびアウトサート射出成形

インサート射出成形は、金型に金属などのインサート（埋め込み部分）をはめ込んでから射出成形を行い、インサートを射出成形品に埋め込む射出成形方法です。ボルトやナットなどの金属製品をプラスチック製品に埋め込むときに使います。アウトサート射出成形は、金型に入れた金属の板などに、プラスチックの部品を取り付けるときに使います。

(b)　金型内ラベル貼付射出成形

金型内にフィルム、シート、布などを入れておき、裏打ちするような形で射出成形を行い、射出成形品にフィルム等を貼り合わせる射出成形方法です。裏に印刷したフィルムを使う方法と、金型のキャビティの形状にしたフィルムやシートを金型にインサートして成形する方法があります。フィルムやシートが剥がれないようにすることが必要で、布の場合には溶融したプラスチックが布の間に入り込み、表面に浮き出ないようにする必要があります。

(c)　金型内組立て射出成形

本来なら射出成形で別々に成形したあとで、それぞれを組み合わせて製品とするようなものを、金型の中で組立て工程までを行ってしまうという射出成形方法です。金型内で別々の製品を作り、これを組み合わせられるような金型構成にしたものです。成形２工程、組立１工程をまとめて１工程で完了してしまうというもので、インモールド・アセンブリーとして知られています。

(d)　ロストコア射出成形

低融点の合金で作った入れ子を金型にはめ込んで射出成形を行い、射出成形を終わって取り出した入れ子が入ったままの射出成形品を、別工程で入れ子の溶融点以上に加熱して入れ子を溶かして除去し、中空の部分を持った製品を作る射出成形方法です。

(e) 金型内真空射出成形

射出成形に先立って金型内の空気を真空ポンプを使って抜いておく射出成形方法です。金型表面の転写性が完全になるうえ、金型内の空気の圧縮によって射出成形材料が焦げることによって起こる射出成形品のやけや充填不良（ショートショット）を防ぐことができます。その反面、金型構造が複雑になり、成形サイクルがやや長くなるという短所もあります。微小、微細製品の射出成形（マイクロモールディング）などでは有効な射出成形方法です。

(f) 発泡射出成形

キャビティを完全に充填するより少ない量の、発泡剤混入プラスチック材料を射出成形し、金型内で発泡させる射出成形方法です。これによって射出成形品を軽くすることができ、射出成形の欠点であるひけをなくすこともできます。しかし、発生するガスのために射出成形品の表面にすじが出て美しく仕上がらないという欠点もあります。超臨界流体を射出成形材料に混ぜて射出成形する発泡成形方法もあります。この場合、成形品表面にスキン層があり、スキン層の下部は微細発泡状体になっており、軽量化はもとより剛性が高まるものもあります。

(g) 射出圧縮成形

金型のキャビティを完全に充填するよりやや少ない量の材料を射出し、この工程の後にキャビティ全部あるいは一部を動かして、保圧と冷却工程中に射出成形品に圧力をかけ続けるという射出成形方法です。これによって、ひけと流れ方向性のない射出成形品を作ることができます。光ディスク、導光板などの電子電機部品をはじめ、精度が高く、内部歪の少ない製品の成形に使われています。

(h) ガスアシスト射出成形

ガス射出成形と略して呼ばれることも多い成形法で、キャビティを完全に充填するより少ない成形材料をキャビティ内に射出し、プラスチック材料がまだ柔らかいうちにノズルから射出成形品の厚肉部に差し込んだ針から高圧の窒素ガスを圧入しながら保圧、冷却工程を行う方法です。これによって、射出成形品の厚肉部の中心に気泡を作ります。ひけのない成形品ができると同時に重量も軽減することができます。

また、保圧、冷却中に外観の反対になる面に窒素ガス圧をかけて、外観面のひけを防止することもあります。

(i) 水アシスト射出成形

高圧の水を使い、圧力の低下で水が気化して高圧になる現象を使ったもので、中空の射出成形品を作る方法です。ガスアシストと同じ効果が得られますが、厚肉部に貫通した孔のある射出成形品の製造に有効です。複雑に曲がった中空のダクトなどが作られています。

(j) 金型温度変換射出成形

金型を電熱あるいは過熱水蒸気によって成形材料の温度以上に加熱し、その状態の時に材料をキャビティに射出・充填します。射出の完了とともに金型を冷却温度に戻し、型開きをして成形品を取り出します。金型の加温と冷却を順次繰り返して成形する方法で、成形品の表面が良好に仕上がります。ウエルドラインがなく、ガラス入り材料で成形した場合も表面にガラスが出ず、艶のある成形品が得られます。超臨界流体を使った微細発泡射出成形の場合も、この金型温度変換射出成形技術を併用すると、より良質な成形品が得られます。

8.1.1.2 特殊射出成形機による射出成形

(a) プランジャー射出成形

シリンダー内のプラスチックの可塑化はシリンダーを加熱して行い、可塑化材料の射出にはシリンダーに内蔵されているプランジャーを前進させることで行います。現在のインラインスクリュー式射出成形機が登場する以前はこのプランジャー式射出成形機が使われていました。しかし、シリンダー内のプラスチックを均一に可塑化することが難しいことから、現在ではマイクロ射出成形（後述）などごく限られた用途にしか使われていません。

(b) プリプラ・プランジャー射出成形

スクリューを使って予め可塑化（予備可塑化という）した材料をプラン

ジャーの先端部に供給し、プランジャーを前進させることによって射出成形する方法です。スクリュー・プリプラスチケーティング（予備可塑化）・プランジャー射出成形といいますが、プリプラ・プランジャー射出成形と短く呼ぶことが多くなっています。インラインスクリュー式射出成形機の場合、スクリューを回転することによって可塑化しますが、射出する時にはスクリューの回転が停止していることから、どうしても厳密な意味での均一な可塑化がむずかしいこと、スクリューを前進させて射出成形する際に逆流防止弁の動きが微妙に変動することがあります。

これに対して、プリプラ・プランジャーの場合は、１本のシリンダー内にスクリューを内蔵させ、シリンダー外部からの加熱とスクリュー回転による剪断熱で可塑化します。このときにスクリューはシリンダー内で回転するだけで、前進したり後退したりすることがないので、均一に可塑化されます。もう１本のシリンダーにはプランジャーを内蔵させ、プランジャーの先端部に送り込まれた可塑化材料は、プランジャーの前進によってキャビティ内に射出されます。プランジャーは、スクリューと違って逆流することはありません。

(c) 高速型内充填射出成形

通常の射出成形速度より速い速度で射出できる射出成形機を使います。射出速度は通常、スクリューの前進速度で表します。通常の射出成形速度は200～300㎜／秒ですが、高速射出成形機は少なくても800㎜／秒、一般的には1,000㎜／秒以上のものをいいます。早いものでは1,500㎜／秒を超えるものもあります。油圧回路に設けたアキュムレーターの中に高圧の作動油を溜めておいて一挙にシリンダー内に油を送ることによって、スクリューの前進速度を早める方式が一般的です。

溶融したプラスチック材料の流れる距離と射出成形品の肉厚の比（L／t）の大きな成形品を作るのに適した射出成形法です。エアコンディショナーのフィルター、スピーカーコーン、ネット、ディスクなどの成形に利用されています。

(d) マイクロ射出成形

ごく小さな製品か細かな構造をもった製品を作る射出成形方法です。通常の射出成形機を使っても成形できないことはありませんが、ごく小さな成形品を少数個取りで射出成形する場合には、通常のスクリュー式射出成形機では機械構造上の制約から利用できません。このためにマイクロ射出成形専用の射出成形機を使います。

マイクロ射出成形工程では、金型温度を成形材料が溶融する温度以上に加熱し、冷却するときは溶融材料が固化する温度以下にする必要があることもあります。金型内を真空にすること、金型の彫り込みに特別な技術を必要とすることなど、普通の射出成形の金型とは違った対応が必要です。

(e) 低圧射出成形

普通の射出成形に比べて低い射出圧力で成形する方法です。普通の射出成形機でも射出圧力を低くすれば低圧射出成形をすることはできますが、この成形法では型締力が小さくて済むので、低圧成形専用の射出成形機が製造されています。ただ、低圧であるために溶融プラスチックの金型内での流れの関係から製品の肉厚を薄くできないうえ、金型には太いダイレクトゲートを使う必要があります。表面に布を貼り合わせた製品などの製造に適しています。

(f) 多材料射出成形（多色射出成形）

２台以上の射出ユニットを搭載した射出成形機を使い、２種またはそれ以上の種類のプラスチックを、別々のゲートから順々に一つの金型内に射出して、２種類以上のプラスチックで成り立った成形品を製造する方法です。

同じプラスチック材料で、色だけが違う多種類の射出成形を行う場合には、多色射出成形と呼んでいます。また、滑りの良いプラスチックやプラスチック複合材料を表面に使って摩擦を小さくしたり、柔らかくソフトな感触をもった熱可塑性プラスチックエラストマーを表面に使って、手で触れた時の感触を良くするためにも使われ、この方法は別に、オーバーモールディングと呼んでいます。

一つの金型の中に２種類以上の材料を射出するためには、金型の可動側だけを回転するか移動するなどして、２回に分けて射出する方法が採られます。射出ユニットの配置は、一つのユニットを縦配置とし、他のユニットを横配置とする場合と、２台のユニットを平行に横配置する場合があります。

多材料射出成形は、金型の構造が複雑になり高価になりますが、完成品にするための組立てや後加工が不必要になるという特長があります。

8.1.1.3 射出成形の自動化と合理化

射出成形は、自動化と合理化を進めることによって大きなコストダウンにつなげることができます。ホットランナー金型、コンピューター制御による最適な成形条件の設定、粉砕機、ドライヤー、金型温度調節機、成形材料の自動計量混合装置、成形品自動取出装置、その他数多くの自動化や合理化のための機器や装置があります。

8.1.2 熱硬化性プラスチックの射出成形

熱硬化性プラスチックの射出成形には、熱硬化性プラスチック用の射出成形機を使います。この射出成形機は、熱可塑性プラスチック用のものと基本的な構造（型開閉・型締機構、射出機構）は変りませんが、シリンダーが過熱して、シリンダーの中で熱硬化性プラスチックが硬化してしまうのを避けるために、シリンダーの加熱に温水を使うことと、シリンダー内で硬化した熱硬化性プラスチックを速やかに除去できる構造にする必要があることが相違しています。

使用する金型は、熱硬化性プラスチックを硬化させるため、電熱などで加熱します。

BMC（不飽和ポリエステル樹脂にガラス繊維を配合した材料＝バルクモールディング・コンパウンド）を射出成形する場合には、BMCが柔らかい塊状なので、そのままではホッパーから射出成形機のスクリューに送ることができません。このため、ホッパーの代わりにBMCの押し込み装置を付けた射出成形機を使います。

熱硬化性プラスチックの射出成形では、操作の終了あるいは中断した時には、シリンダー内で材料が硬化してしまうのを避けるため、材料を取り除く必要があります。金型中のスプルーやランナー内の材料を固化させないようにしておくコールドランナー金型を採用して射出成形作業を合理化することもあります。

8.1.3　反応射出成形

反応射出成形（略語RIM）は、２種類の液状原料を計量・混合した後に、金型のキャビティに送り込み、ここで反応・固化させる成形方法です。反応射出成形機の構造は、２種類の液体を混合して金型に注入する部分と、型閉装置で構成されています。ポリウレタンの成形に最も多く使われています。この成形で、繊維などの強化材を混合して成形する場合は、強化反応射出成形（略語RRIM）と言います。

8.1.4　液体射出成形

液体射出成形（略語LIM）は、液体状の原料を射出成形する方法で、主としてけい素樹脂（シリコーン）の射出成形に使われています。

8.2　押出加工（エクストルージョン）

押出加工はおもに熱可塑性プラスチックの加工に使われる方法です。加工には普通**図8.5**に示したスクリューが１本の単軸押出機を使います。単に押出機という場合にはこの形式の押出機を指します。

押出機（エクストルーダー）を構成する主な部分は、プラスチック成形材料を入れるホッパー、プラスチックを加熱するシリンダー（バレルともいう）、プラスチックを溶融可塑化して先端部（ダイ接続部の方向）へ送るスクリュー、シリンダー中の溶けたプラスチックに圧力をあたえ、より混

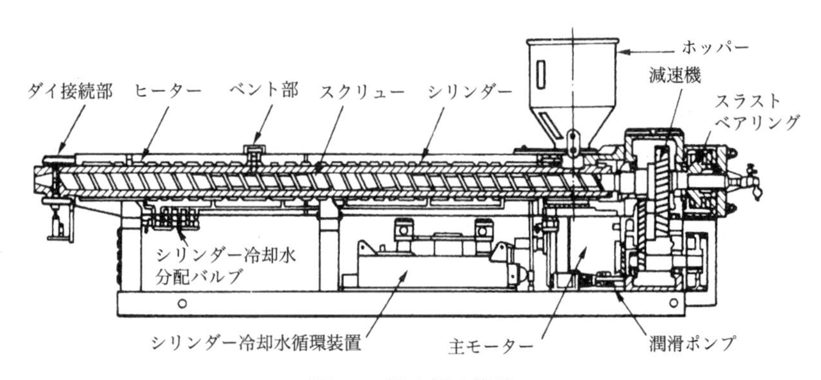

図8.5　押出機の構造

練をよくするブレーカープレート、溶融材料中に混ざった異物を取り除くためのスクリーン（金網）、シリンダーを加熱するヒーター、スクリューを回転するモーターです。

スクリーンは時々交換する必要がありますが、運転の中断を避けるためにスクリーンチェンジャーという、作業を中断せずにスクリーンを交換するものがあります。また、運転中の押し出す圧力の変動によって押出量が変動するのを防ぐために押出機とダイの間にギアポンプを取り付けることもあります。

押出機の大きさを示す尺度としてスクリューの外径寸法が使われています。スクリューの直径が50㎜の押出機の場合は、50㎜押出機と表します。またスクリューの長さ（L）とスクリューの外径（D）の比（L／D）、スクリュー各部の構造、単位時間当たりのプラスチック材料を押出す量なども、押出機の性能を表すのに重要な項目になっています。

ホッパーの中のプラスチック成形材料は、スクリューを回転するとシリンダーの中へ落ち込みます。シリンダーは通常電熱で加熱されているので、成形材料は溶融します。スクリューは成形材料を前方に送ると、成形材料は圧縮するので、シリンダー外部の熱だけでなく、スクリューによる混練によっても発熱（剪断発熱）します。この間にシリンダー内に水蒸気やガスが発生することがあり、シリンダーにベント穴を設けることが広く行われています。

押出機の先端にいろいろなダイ（口金）を付けて溶融したプラスチック材料を押出して賦形し、冷却と引取りを行ったのち、切断又は巻き取って押出製品にします。

押出機には、単軸押出機のほかに、２本のスクリューを使った２軸押出機（ツインスクリュー押出機）があります。２本のスクリューは同方向に回転するものと反対方向（異方向）に回転するものがあり、また、２本のスクリューが噛み合っているものと、噛み合っていないものがあります。

２軸押出機は、材料の混練性が良いという特長があり、プラスチック成形材料のペレットや硬質ポリ塩化ビニルのパイプや板を作るときによく使われ、ポリマーアロイや複合材料を作る時や反応押出にも使われます。

さらにスクリューの本数の多い押出機もあり、混練用に使われています。

スクリューを使用しない押出機もあります。ラム押出機といわれているもので、ラムによってシリンダーの加熱した熱可塑性プラスチックを押し出す方式のものです。ポリテトラフルオロエチレン（四ふっ化エチレン樹脂）の加工などに使われています。

次に、押出機で作る主な製品の作り方について説明します。

8.2.1 ペレット

ペレットは押出機の先端に多数の穴のあいたダイを付け、溶融した熱可塑性プラスチックを押し出して作ります。着色ペレットやマスターバッチ用ペレットの製造で、少量生産の時にはプラスチック材料を紐状に押し出し、水槽の中で冷やしてから引き取り、固化した紐をカッターで切断してペレットにします。

大量生産のときは、噛み合い同方向回転の２軸押出機を使って、冷却水中に置いたダイ面で切断してペレットを作るのが一般的です。

紐状に押出して切断する方法を「ストランドカット」、水中のダイ面で切断する方法を「アンダーウォーターカット」といいます。ダイ面で切断する場合でも大気中や水流で冷却する方法もあります。また、シートを切ってペレットを作ることもあります。

8.2.2 パイプ、チューブ、ホース、丸棒、異形押出品

パイプ、チューブ、ホースなどは、押出機に**図8.6**に示したような、溶けたプラスチックの流れを阻害しないような設計をした環状のダイを設置し、そこから押し出したプラスチックを冷しながら所望の形にして引き取り、それを切断して作ります。

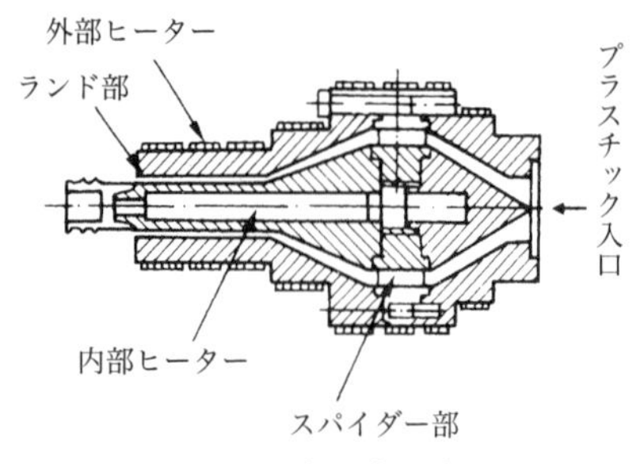

図8.6　パイプ用ダイ

ダイから押し出したものは、そのままパイプなどになるわけではなく、パイプの内径か外径をサイジングダイで決めるとともに、押出量と引取機の速度を加減しながら厚さを決めることもあります。サイジングダイには種々の形式のものがあります。また、スパイラルパイプの場合は、外形に見合った形状のサイジングダイを移動しながら外形を規制しながら製造します。

この方法で、硬質あるいは軟質のポリ塩化ビニル、高密度あるいは低密度ポリエチレンのパイプやチューブが作られています。

丸棒は、中子のないダイを使って作りますが、製品の中心部に穴（す）ができやすいため、押し出しスピード、冷却の仕方などに注意が必要です。

異形押出品は、パイプ状、丸棒、板状製品以外の形をした押出品を指します。窓用サッシ、ガスケット、カーテンレールや雨樋、サイジング板などの建築材料、自動車部品、デッキ材など数多くの製品があります。

異形押出品には主として硬質ポリ塩化ビニルが材料として使用され、ABSプラスチックや熱可塑性プラスチックエラストマーなども使用されています。

8.2.3 フィルムとラミネート

プラスチックのフィルムの作り方にはいろいろな方法がありますが、押出機による方法と、カレンダー加工（後述）がほとんどを占めています。

ポリエチレン、ポリプロピレン、ポリエチレンテレフタレート、ポリ塩化ビニルなどのフィルムが押出機によって作られています。押出機によるフィルムにはインフレーションフィルムとキャストフィルムがあります。

インフレーションフィルムは、**図8.7**のように押出機に環状のダイを付け、殆どの場合上向きにチューブ状にプラスチックを押し出し、チューブの中に空気を吹き込んでふくらませ、冷やして固め、冷えたフィルムをロールで挟んで巻き取ります。筒状のまま巻き取って使用したり図のように切り開いて１枚のフィルムにすることもあります。筒状のフィルムは、一定の寸法に裁断して底の部分をシールし、袋として大量に生産されています。

インフレーションフィルムというのは日本だけで使われている用語で、海外ではブロウンフィルム、レイフラットフィルム、チューブラーフィルムなどさまざまな用語が使われています。

キャストフィルム（Ｔダイフィルムやチルロールフィルムともいいます）

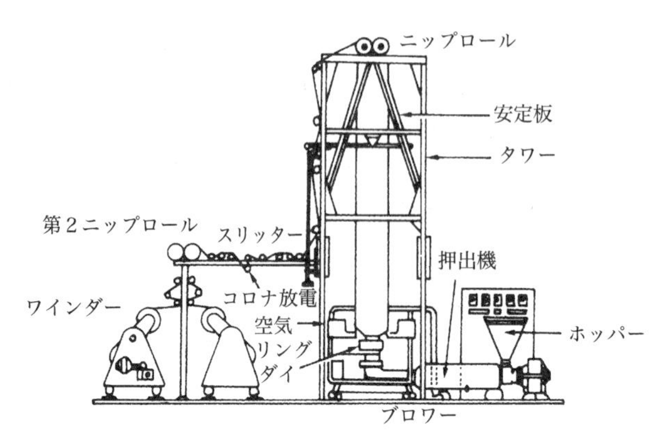

図8.7　インフレーションフィルム製造装置
（コロナ放電は印刷の前処理です）

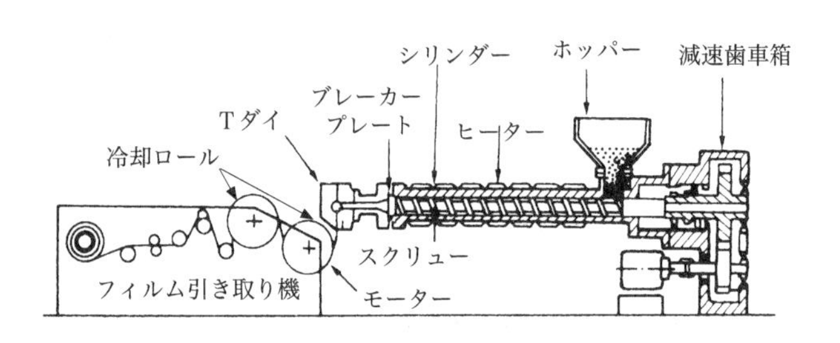

図8.8　キャストフィルム製造装置

は、**図8.8**に示すように、狭くて幅の広い隙間のあるダイ（Ｔダイという）を通してプラスチックを下向きに押し出し、ロールで冷やして作ります。

キャストフィルム、インフレーションフィルムともに、フィルムを一定温度に加熱して、１方向に強く引っ張る工程を加える（１軸延伸という）と、縦方向には裂けやすくなりますが、横方向には強くなり、引っ張った時の強さが大きくなるので、包装用の紐の製造に多く使われています。これを縦方向に裂いたものはスプリートヤーンといい、撚って紐にしたり、織って袋などの材料にしています。

１方向だけでなく縦方向とそれに直角になる横方向に延伸することも行われ、その方法で作ったフィルムを２軸延伸フィルムといいます。２軸延伸フィルムは、延伸しないフィルムに比べて遙かに強いことが特長で、ビデオテープもこのフィルムに加工して作ったもので、手でちぎろうとしても縦にも横にも切れません。2軸延伸フィルムには主にポリエチレンテレフタレートとポリプロピレンが使われています。

キャストフィルムを作るときに紙、セロファン、アルミニウム箔（はく）の上にフィルムを貼り合わせるとラミネート（積層）フィルムができます。このフィルムは包装材料として多く使われています。食品包装等に使用するフィルムの場合、1種類のプラスチックのフィルムでは、内容物が変質するおそれがあることがあります。湿気を防ぐということではポリエチレンやポリプロピレンでも良いのですが、これらのオレフィン系フィルムは酸素などを比較的良く透してしまいます。このため、湿気を通さない層と酸素を通さない層を重ねる方法が多く用いられます。

酸素などを通さない層（バリアー層）には、エチレン・ビニルアルコール・プラスチックやポリアミドが主に使われています。フィルム用のプラスチックとバリア層のプラスチックの接着性が良くない場合には、双方を接着させる層（タイ層）も使います。この場合には、押出機のダイに2台以上の押出機から溶融したプラスチックを送り込んで、多層構造のフィルムを製造します。多いものだと押出機を8～10台使うこともあります。

多層フィルムは、インフレーション法でもキャスト法でも作ることができますが、層が多くなるほどダイの構造が複雑になります。

押出機を使わないフィルム製造法もあります。プラスチックを溶剤に溶かしてから、適当な下地の上に注いで（キャスト）流し、膜状にしてから溶剤を揮散させて作ります。Tダイ法で作った押出フィルムと同じようにキャストフィルムと呼ばれることもあります。写真用フィルムのベースとしてアセチルセルロースが使われていた頃にはこの方法でフィルムを作りましたが、現在は写真用フィルムにはポリエチレンテレフタレートが使われるようになったため、ほとんど見ることができません。

8.2.4 板、シート

板やシートは主に押出加工で作られていますが、カレンダー加工や注型加工などでも作られています。

押出機による作り方を図8.9に示しました。押出機で板状に押し出したのち、ポリシングロールでつや付けしながら冷して作ります。ロールに微

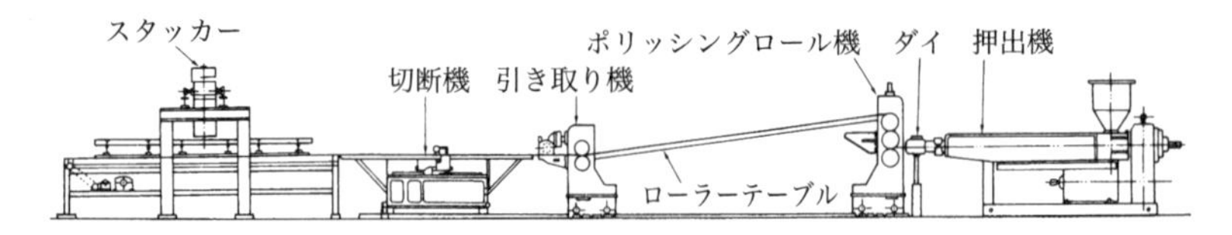

図8.9　シート押出装置

細なパターンを付け、パターンを転写したシートも作られています。建築に使われているポリ塩化ビニル波板もこの方法で作ります。

板やシートはそのままでも使われていますが、熱成形（後述）の材料としても多く使われています。

板やシートに使われる材料としてはポリスチレン、ABSプラスチック、ポリエチレン、ポリプロピレン、ポリメタクリル酸メチル、ポリ塩化ビニル、ポリカーボネート、ポリエチレンテレフタレートなどがあります。

8.2.5　電　線

プラスチックで絶縁した電線は押出機を使って作ります。芯（しん）線を押出機のダイの中に送り込み、その外側にプラスチックをかぶせる方法で作ります。こうして作った電線を数本たばねたり、並べたものをもう一度プラスチックで被覆することもあります。太いケーブル電線などが作られています。

電線の代わりに鉄線などに被覆し、かごなどを編む材料を使うこともあります。

被覆するプラスチックとして一般に軟質のポリ塩化ビニルが使われていますが、ポリエチレンやふっ素プラスチックなども、特殊電線の絶縁用として使われています。

8.2.6　木粉充填製品

熱可塑性プラスチックと木粉を混合したものを押出加工して、木粉充填熱可塑性プラスチック押出製品を作ります。

木粉は吸湿性が大きいので、押出加工直前に十分に乾燥する必要があり、また熱安定性も足りません。熱可塑性プラスチックに木粉を35％程度混合する場合には一度ペレットにしてから押出加工します。大部分が木粉で、熱可塑性プラスチックは木粉どうしの接着のためにごく少量しか使用しないものもありますが、この場合は押出装置に特別の考案が必要です。木粉の比率の多い押出品は、ダイから出たとたんに固くなってしまいます。

木粉充填プラスチックは、ベッドフレーム、階段等の手すり、家具や調度品の構成材などに使われ、木質感のある高強度部材として利用されています。

8.3 ブロー成形（ブローモールディング）

ブロー成形は熱可塑性プラスチックを使って、びんのような中空の製品を作る方法で、液体洗剤や医薬品などのびん、灯油缶、楽器ケース、野球場などの観客席の椅子、そしてペットボトルという呼び名で大量に使用されている清涼飲料や水などを入れるびんなど、いろいろなものが作られています。

ブロー成形は加熱して軟化した熱可塑性プラスチックで筒状あるいは底のついた筒状のもの（パリソンまたはプリフォームという）を作り、金型の中で空気を吹き込んで膨らませ、金型内面の壁に押し付けて冷やして製品を作る方法ですが、筒状材料を作る方法と空気を吹き込む方法などでそれぞれ違った手法をとっています。代表的な方法として押出ブロー成形と射出ブロー成形があります。

8.3.1 押出ブロー成形（エクストルージョン・ブローモールディング）

押出ブロー成形は、図8.10に示すように押出機のダイから加熱・可塑化したプラスチックを下向きにパイプ状に押し出し、パイプがまだ柔らかい

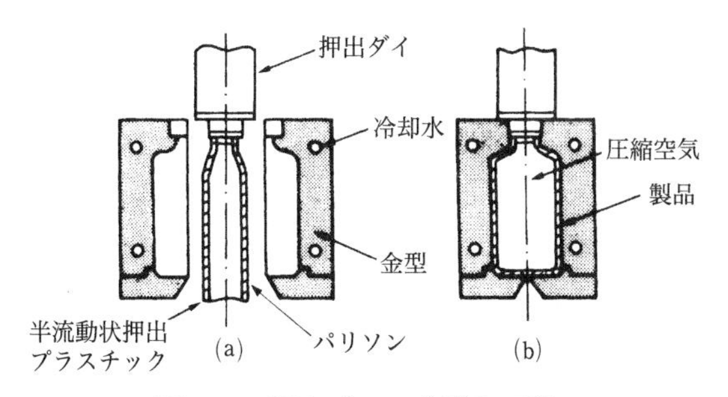

図8.10 押出ブロー成形の工程

うちに金型を閉じてパイプの底部を閉め切ってパリソンを形成、次いでパリソンの中に圧縮空気を吹き込んでパリソンを膨らませ、金型の内壁に密着させて製品を作ります。圧縮空気はダイを通じて行う方式とパリソンに針（中空）を突き込んで行う方式があります。

押出ブロー成形で作った製品は、底部にパリソンを喰い切った跡がついているので、製品から成形法を見分けることができます。

押出ブロー成形では、押出機から連続してパイプが押し出されるので、**図8.10**に示したのはあくまで押出ブロー成形の基本を示したもので、実生産では連続生産するための数多くの種類の成形方法が使われています。双頭式ブロー成形、金型移動式ブロー成形、パリソンシフト式ブロー成形、アキュームレーター式ブロー成形などがあります。

金型移動式ブロー成形は、押し出されたパリソンを金型に挟み込むと同時にパリソン上部を切り離し、パリソンを挟み込んだ金型を左右、あるいは斜め左右の下方へ移動してその位置でブロー成形します。その間に押出されたパリソンは、別のもう一つの金型が挟んで成形します。これを繰り返して行い、成形品を作ります。

パリソンシフト式ブロー成形は、押し出されたパリソンを所定の長さにカットし、パリソンの上と下をつまんで金型の位置まで移動（シフト）して金型に挟み込み、ブロー成形する方法です。パリソンの移動方向は、下方、横方向、斜め下方向などいろいろあります。押出機から連続してパリソンを押し出すので、ポリ塩化ビニルのような熱安定性が悪く、滞留して熱分解を起こしやすい材料の成形にも向いています。

アキュムレーター式ブロー成形は、押出機で可塑化したプラスチック材料をアキュムレーターと称する蓄積装置に一定量を貯えたのち、ラム、プランジャーで急速にダイから押し出してパリソンを形成し、これをブロー成形するというものです。パリソンの押出しに時間がかかると、たれさがりによってパリソンの肉厚は不均一（下部が厚くなる）になるのを防ぎます。アキュムレーターはダイの先端部に可塑化材料を一時貯える部屋を作る場合と、ダイの円筒空隙部の一部を拡げてアキュムレーターとし、この空隙部に貯えた溶融材料の排出ができるような円筒状のプランジャーを付けたものもあります。この場合にはとくにダイ内アキュムレーター式ブロー成形と呼んでいます。

8.3.2　シートパリソン式ブロー成形

２台の押出機を使って２枚のシート状材料を平行に押出し、これをブロー用金型に挟み込んで成形します。２枚のシートは金型に挟まれる際に、それぞれのシートの端部どうしが融着します。この成形法の特徴は、２色の異なった材料で一つの製品を作ることにあり、主として玩具の成形に利用されています。

8.3.3 多層ブロー成形

２台あるいはそれ以上の台数の押出機を使って、異種の材料や色違いの材料を１個の共通のダイに送り込み、多層のパリソンとして押出したものをブロー成形する方法です。一般にバリア性の大きな材料をサンドイッチしたものが多く作られています。

8.3.4　多色ブロー成形

２台あるいはそれ以上の台数の押出機を使って、色違いの材料を１個のダイに送り込みますが、8.3.3の多層ブローのように層を作らないで、ダイからパリソンとして押出し、これをブロー成形します。

この方法では、パリソンの出口で色の混ざり具合を制限することができないので、成形品の色模様（ほとんどは縦縞模様になる）は不規則になります。また、パリソンの段階では比較的にはっきりしていた縞模様も、ブロー成形によってふくらませると、模様は大きく変化します。しかし、このためにかえってバラエティに富んだ、目先の変った色模様の製品が得られるという面白味もあり、玩具用ボール、装飾的な容器などがこの方法で作られています。

8.3.5　多次元形状製品用ブロー成形

多次元形状に曲がりくねったパイプやダクト、長尺製品、ある箇所は太くある箇所は細いといった複雑な中空の製品、肉厚が部分部分によって大きく異なる長尺の中空製品など、通常の押出ブロー成形ではできないような形状のものを作ることを目的とした成形法です。

水平あるいは傾斜させて配置したオープン金型（上面になるほうの金型を開いた状態）のキャビティ形状に沿って、押出機ヘッドから押出したパリソンを順次配置したのち、金型を閉じてブロー成形します。キャビティにパリソンを配置するのには、押出パリソンを押し出し続けながらヘッドをキャビティの形状に合わせて移動させながら行うものと、ヘッドから垂直に押し出したパリソンの下部でオープン金型を移動させながら受けていくという方法があります。

8.3.6　多材質ブロー成形

製品の一部を硬質に、その他の部分をフレキシブルな軟質にしたりするブロー成形法です。複数の押出機を使い、各種の異なった性質を持った材料を組み合わせて、ひとつのブロー製品を作ります。自動車に使うパイプやダクト等の成形によく使われています。

8.3.7　射出ブロー成形（インジェクションブローモールディング）

前項までの8.3.1から8.3.6までのブロー成形法は、いずれもパリソンを押出成形法で作りますが、射出ブロー成形はパリソンを射出成形で作ります。射出成形で作るパリソンについては、パリソンといわずにプリフォームと言う場合が多くなっています。

射出ブロー成形は、射出成形によって、底部が閉じた形のパリソン（有底パリソン。試験管のような形をしたものが一般的）を作り、射出成形で型開きする際にパリソンをコア型（雄型）につけたままにし、これをブロー用の金型に挟み込みブロー成形する方法です。したがって、金型はキャビティ型、コア型、ブロー型からなり、必要に応じてネック型（びんなどの口のねじ部を作ったりする）も使います。**図8.11**に示したように、射出型とブロー型の組み合わせや回転方法には多くの種類のものがあります。

射出ブロー成形で作った製品はネックの部分の精度が高く仕上げの必要がありません。また、押出ブロー成形の場合のような底部の食い切りによるピンチオフ部分がないので仕上がりが良く、材料ロスがないといった特徴があります。

耐衝撃性ポリスチレンやポリカーボネートなど、押出ブロー成形しにくい材料が多く用いられ、小型の乳酸飲料容器、高級化粧品びんなど大量生産品の成形に利用されています。

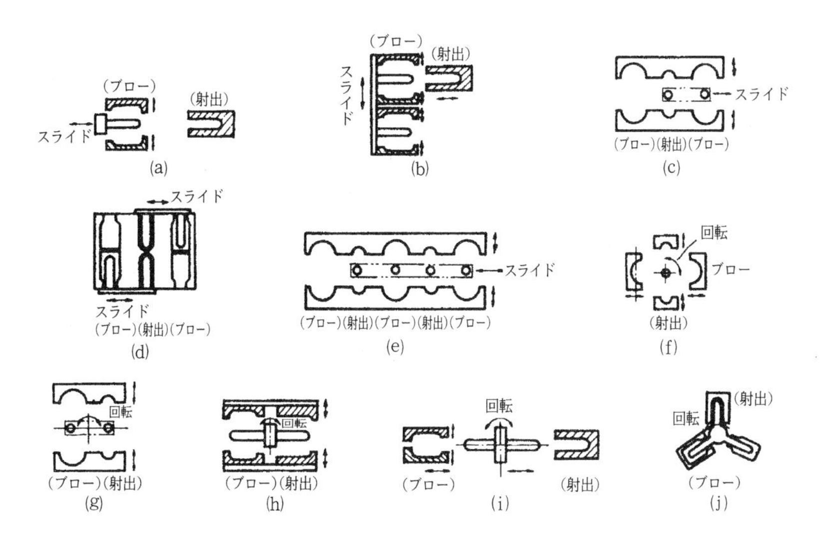

図8.11　各種の射出ブロー成形法

8.3.8　コールドパリソン式ブロー成形

押出成形で作ったパイプを一定の寸法に裁断したもの、あるいは射出成形で作った有底のパリソンをストッカーに貯え、このパリソンを整列させて順次加熱装置内に送り込み、軟化したパリソンを多数のブロー金型に次々と挟み込んでブロー成形します。冷却したパリソンを使うことからコールドパリソン式ブロー成形ともいわれています。また、成形とブロー工程が別々になっていることから、ツーステージブロー成形と呼ぶこともあります。高速で量産が可能な成形法ですが、現在はこの方法だけで成形している例は少なく、二軸延伸ブロー成形（次項の8.3.9）の成形で主に利用されています。

8.3.9　2軸延伸ブロー成形

２軸延伸ブロー成形は、一定の温度（一般には材料の２次転移点の温度よりやや低い温度）のもとで、パリソンを縦方向と横方向に強い力で引き伸ばし、分子を縦方向と横方向に配向させてブロー成形します。比較的堅いパリソンを引き伸ばすために、押出ブロー成形の場合にくらべて、はるかに高い吹き込みエアー圧力を必要とします。２軸延伸することによって大きな製品強度が得られるので、製品肉厚を薄くすることができ、製品1個あたりの材料使用量を減らすことができます。

2軸延伸ブロー成形で最も多く使われているプラスチックはポリエチレンテレフタレート（PET）で、高耐衝撃性、耐ガスバリアー性（ガス透過遮断性）にすぐれたボトル（ペットボトルと呼ばれている）として大量に使用されています。

2軸延伸ブロー成形は、パリソンの製造方法やブローを行うときの方法にいろいろな種類のものがあります。

射出インライン式2軸延伸ブロー成形法は、射出成形でのパリソンの成形、ブロー金型へのパリソンの挿入、2軸延伸のブロー、製品取出しをひとつの工程中で完了してしまう方法です。各工程のステージが3あるいは4箇あります。射出ホットパリソン式2軸延伸ブロー成形、ワンステージ式2軸延伸ブロー成形、射出ストレッチ式ブロー成形など、いろいろな呼び方があります。

射出コールドパリソン式2軸延伸ブロー成形法は、射出成形で作った有底のパリソン（試験管のような形状をしている）をストッカーに貯え、これを自動整列機によって整列させ、順次加熱装置内に送り込み、一定温度に加熱したパリソンをブロー型に挟み込み、2軸延伸ブローする方法です。射出工程とブロー工程が分かれていることから2段法2軸延伸ブローとも呼ばれています。

射出インライン式と射出コールドパリソン式を組み合わせた成形法もあります。これは射出成形でのパリソン成形と、ブロー成形のそれぞれに要する時間差を埋める効果があり、射出成形金型よりもブロー成形金型の取付け数を増やすことができます。

押出コールドパリソン2軸延伸ブロー成形は、押出機で作ったパイプを所要の寸法に裁断したものを、予備成形装置によってパイプの一端を閉じて有底パリソンとし、同時に開口部もネック型によってねじなどの所要の形に作り、こうして作ったパリソンを加熱、ブロー金型に挟み、2軸延伸ブローするという方法です。予備成形に手間がかかること、元の形状がパイプであるため、パリソンの段階で、最終製品の形状や寸法に合わせたパリソンの肉厚調整ができないことなどから最近ではほとんど使われていません。

8.4 圧縮成形（コンプレッションモールディング）

圧縮成形は熱硬化性プラスチックの代表的な成形法ですが、熱可塑性プラスチックの成形に使うこともあります。熱した金型内に熱硬化性プラスチック成形材料を入れ、圧縮成形機を使って材料を圧縮、加熱硬化させ製品を作ります。熱可塑性プラスチックの場合は、金型を熱したり、冷やしたりしなければならないので、ごく特殊な用途でしか使用されていません。

図8.12に圧縮成形機の例を示しました。作る製品が小さい場合は金型が小さいので、金型は人手で外部に取り出し、金型を人手で開いて成形品を

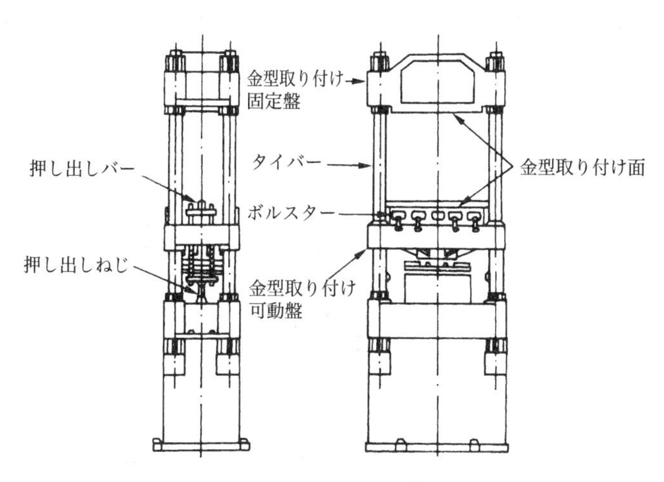

図8.12　圧縮成形機

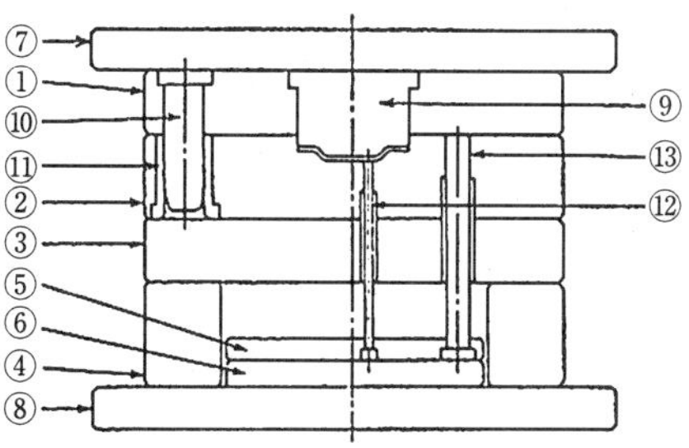

番号	名　称	番号	名　称
1	固定側型板	8	可動側取り付け板
2	可動側型板	9	コ　ア
3	受け板	10	ガイドピン
4	スペーサーブロック	11	ガイドピンブシュ
5	エジェクタープレート上	12	エジェクターピン
6	エジェクタープレート下	13	リターンピン
7	固定側取り付け板		

図8.13　圧縮成形用金型の基本構造

取り出すこともあります。

図8.13に、圧縮成形用金型の基本構造を示しました。これは手で取り出す金型ではなく、圧縮成形機に取り付ける形式のものです。

テーブルトップや家具などの材料に使用されている化粧板などの製造には、プレスの間にいくつもの層の金型板を設置し、それぞれの層の間で化粧板を作ります。この場合は通常の圧縮成形機と異なった形の成形機となり、成形法は積層プレス成形、成形機は多段プレスと呼ばれています。

8.5 トランスファー成形（トランスファーモールディング）

熱硬化性プラスチックの成形に使う加工方法です。プラスチック成形材料を加熱室（ポット）で加熱して溶かし、スプルー、ランナー、ゲートを

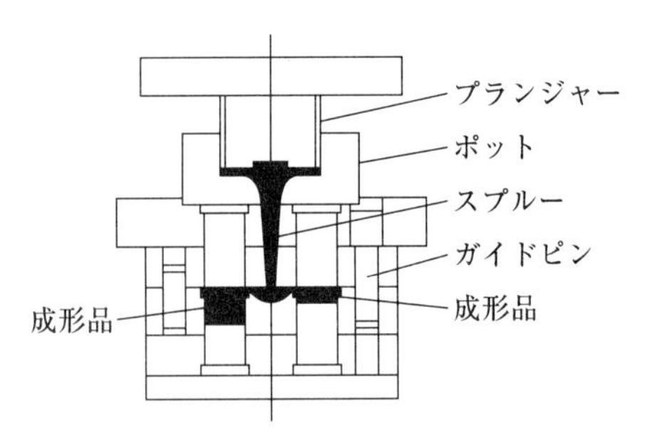

図8.14　持ち出し形トランスファー成形用金型

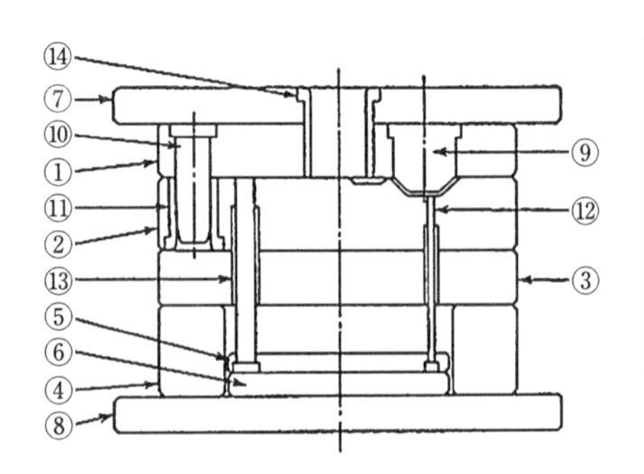

番号	名　称	番号	名　称
1	固定側型板	8	可動側取り付け板
2	可動側型板	9	コ　ア
3	受け板	10	ガイドピン
4	スペーサーブロック	11	ガイドピンブシュ
5	エジェクタープレート上	12	エジェクターピン
6	エジェクタープレート下	13	リターンピン
7	固定側取り付け板	14	トランスファーポット

図8.15　トランスファー成形用金型の基本構造

通して、加熱した金型のキャビティに送り込み、ここで圧縮し、加熱硬化させて製品を作ります。**図8.14**に持ち出し形のトランスファー成形用金型の構造を示しましたが、このタイプの金型は普通の圧縮成形機に取り付けて使うことができます。

図8.15には、トランスファー成形機に取付けて使う金型の基本構造を示しました。

8.6 カレンダー加工（カレンダリング）

カレンダー加工は、３本か４本の加熱したロールの間で熱可塑性プラスチックを加熱下で可塑化し、圧延してシートやフィルムを作る方法です。カレンダー加工は主としてポリ塩化ビニルの製品を作るのに用いられ、軟質ポリ塩化ビニルのシート、フィルム、レザー、床タイルなどが作られ、硬質ポリ塩化ビニルのシートやフィルムも作られています。ABSプラスチックのシートを作るのに用いることもあります。

カレンダーで軟質ポリ塩化ビニルのエンボス付きフィルムを作る方法を**図8.16**に示しました。カレンダー加工設備には多額な費用がかかりますが、製造速度と生産量が極めて大きいので、生産性が優れています。軟質ポリ塩化ビニルレザーを作るときには、布をロールの途中から挿入し、軟質ポリ塩化ビニルのシートに押し付けて作り、つや消し（マット加工）やしぼ付けもロール表面の加模様を転写させて作ります。

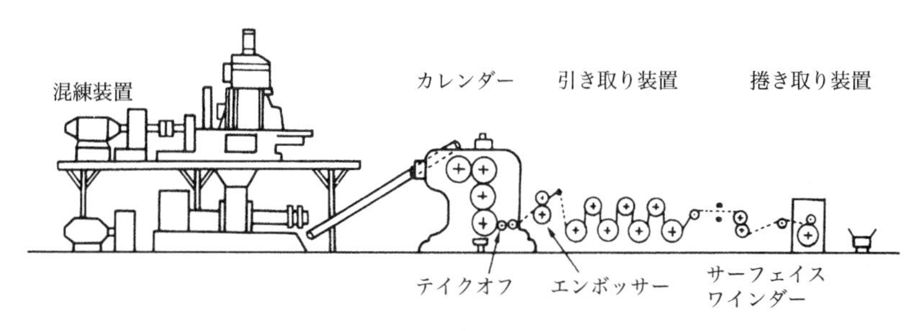

図8.16　カレンダー（フィルム装置）

8.7 熱成形（サーモフォーミング）

熱成形は熱可塑性プラスチックの板やシートを使って製品を作る加工法で、２次加工法の一つといえます。板やシート、フィルムなどを加熱して軟らかくし、これを型に密着させて製品を作り、製品以外の部分はトリミングします。

軟らかくした板などを真空の力で形に引き付けて成形するものを真空成形、圧縮空気圧を使って形に押し付けるものを圧空成形といいます。また、この両方法を組み合わせたものもあり、この場合は真空・圧空成形といいます。

熱成形法の型（木製、プラスチック製、金属製、石膏製など）は、製作が容易で、組み合わせ型と違い、一方の型だけですむという特徴があり、工業用品、看板、軽量使い捨てカップ類、日用品、玩具など多くの製品が作られています。

使用するシートや板の材料としては硬質ポリ塩化ビニル、耐衝撃性ポリスチレン、ABSプラスチック、ポリメタクリル酸メチルなどがあります。

熱成形の作動工程原理を**図8.17**に示しました。成形する板やシートは、１枚１枚カットしたものから成形するものと、ロールに巻き取ったシートやフィルムを連続して供給しながら成形するものがあります。

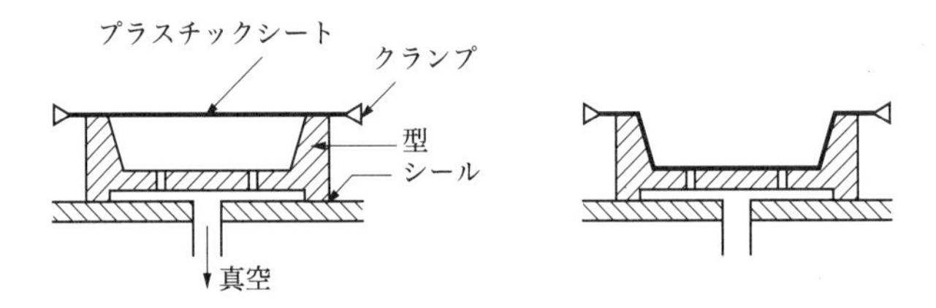

図8.17　真空成形の工程

8.8 フォーム加工

プラスチックのフォーム（発泡）加工にはいろいろの種類のものがあります。加工する温度で分解する薬品（発泡剤）を熱可塑性プラスチックの中に分散してから加熱成形するとフォーム製品になるものや、加工が終ってから圧力が下がることを利用してフォーム製品を作ることもあります。超臨界流体を使い微細発泡成形を行う方法については8.1.1.1(f)の項で述べたので、ここでは大量生産されているポリウレタンフォームとポリスチレンフォームについて説明します。

8.8.1 ポリウレタンフォーム加工

クッション材や寝具などに使う軟質ポリウレタンフォームと、建築材料や家庭電気機器の断熱材などに使う硬質ポリウレタンフォームを加工する方法で、いずれも自由に発泡させたものを切断したり打抜いたりして製品にします。型に注入したり、断熱建物などの場合は壁と壁の間に注入して発泡させます。

ポリウレタンフォームは、ジイソシアネートとポリオール、発泡剤を適量ずつ混合して反応させ、発泡させて作ります。発泡剤にはHCFCとHFCのほか、炭酸ガスやペンタン、あるいは水などを使います。

8.8.2 ポリスチレンフォーム加工

ポリスチレンフォーム(EPS。一般に発泡スチロールということが多い)は、ポリスチレンにペンタンを含ませたポリスチレンビーズと呼ばれるペレットを原料に使います。このビーズを水蒸気であたためると、ペンタンが蒸発してガスになり、ビーズは「予備発泡ビーズ」と呼ばれる発泡体となります。この予備発泡ビーズを金型に入れ、金型内に高温の蒸気を吹き込むと、発泡ビーズどうしが融着し、成形品になります。この成形法は別に「発泡ポリスチレンビーズ融着成形」とも呼ばれています。

ポリスチレンフォームは成形品として家電製品の輸送用クッション梱包材、農産物容器や魚箱として使われ、また、板状(大型ブロックから切り出すことが多い)の製品は断熱材や畳の芯などに使われています。予備発泡ビーズは、そのままクッション材として使うこともあります。

ポリスチレンフォームは、押出加工によっても作られています。

8.9 ハンドレイアップとスプレイアップ加工

ハンドレイアップ加工とスプレイアップ加工は、不飽和ポリエステル樹脂やエポキシ樹脂をガラス繊維などの補強材を使って加工する方法です。

ハンドレイアップ加工（手積み法）は、片側だけの木で作った型にガラス繊維などのマットを乗せ、樹脂を吹き付け、手作業で吹き付けた樹脂を型にならしていき、硬化させて製品を作る方法です。

スプレーアップ加工は、ガラス繊維を切断しながら樹脂と同時に型に吹き付ける装置を使い、硬化させて製品を作る方法です。

どちらの方法も簡単な仕組みで、大型製品や生産数が僅かなものの成形に使われています。ボートや漁船、浄化槽、タンク、風力発電のブレード、航空機の部品、遊具などが作られています。

8.10 レジントランスファー成形とフィラメントワインディング

レジントランスファー成形は、あらかじめ型の中に補強用のガラス繊維や炭素繊維を入れ、そこへ後から不飽和ポリエステル樹脂あるいはエポキシ樹脂原料を注入して成形品を作る方法です。

フィラメントワインディング成形は、液状の熱硬化性プラスチックの不飽和ポリエステル樹脂やエポキシ樹脂を、ガラス繊維や炭素繊維のストランドに含浸させたものを、型に巻き付けて硬化させ、成形品を作る方法です。釣り竿やゴルフクラブのような身近な品物から、大型タンクや航空機の翼、宇宙用機器などの工業用品などが作られています。

8.11 引抜き加工（プルトルージョン）

引抜き加工は、ダイからプラスチックを引き出して加工する方法で、押出加工が、ダイから押出して加工するのと反対の加工法です。不飽和ポリエステル樹脂やエポキシ樹脂などを、ガラス繊維などの繊維ロービングに含浸し、ダイから引き抜いた後に、加熱により硬化させて製品を作ります。

8.12 回転成形（ローテーショナルモールディング）

密閉できる金属製の型（割型でも、容器に蓋をしたようなものでもよい）の中に所要量の熱可塑性プラスチックの粉末あるいは顆粒状の材料を入れ、型を加熱炉に入れ、型を２軸回転（公転と自転）させながら外部から加熱します。すると金型内の材料は金型内面に均一に付着するので、加熱炉から型を外部に出し、水のシャワーなどで外側から冷却、型を開いて製品を作る方法です（**写真8.1**）。

回転成形の場合、射出成形のように材料の流れがなく方向性がないため、耐衝撃性が極めて大きな製品ができます。また、金型の材質は鋼板やアルミニウムなど熱伝導性の良いものであればよく、製作費も少ないという特徴があり、大形コンテナー、容器などが作られています。使用する材料はほとんどの場合ポリエチレンの粉末です。

写真8.1　回転成形機（M.Plast ltd.）

8.13 その他の加工

プラスチックの加工方法にはまだ多くの種類があります。溶射加工、流動浸漬加工、静電粉末塗装、スラッシュ成形、コーティング加工、インパクト成形加工、押出圧縮成形加工、焼結成形などの方法がありますが、本稿では省略します。

8.14 二次加工

プラスチックは他の材料と同じように機械加工、印刷、塗装、めっきなどができます。しかし、プラスチックだけにしかない二次加工法あります。

次にプラスチックにしかない加工法を中心に二次加工法を説明します。

8.14.1　溶剤接着

熱可塑性プラスチックのうち、溶剤に溶けるプラスチックの接着に使う方法です。ほとんどの場合、同じ種類のプラスチックの接着に使います。接着する熱可塑性プラスチックを溶剤に溶かした接着剤（ドープセメントという）もこの方法の変形です。ポリエチレン、ポリプロピレンなどは溶剤に溶けないので使えません。

8.14.2　接着剤接着

プラスチックどうし、あるいはプラスチックと他の物質との接合に接着剤が使われます。ポリエチレンやポリプロピレンは接着強度が低いので、接着表面の処理をするか、特別の接着剤を使う必要があります。接着の前処理方法としてフィルムの場合はコロナ放電が、成形品の場合はフレーム（火炎）処理やプラズマ照射処理が行われています。

8.14.3　熱溶着と溶接

熱可塑性プラスチックを熱すると溶け、冷やすと固まるという性質を利用した加工方法です。ホットプレート溶接法、インパルスシール法などがあります。

ホットプレート溶接法はヒートシール法とも呼ばれ、使用する装置をヒートシーラーといいます。ステンレスや銅の板にニクロム線を内装させ、この熱板を加熱して２枚のフィルムを圧着させます。

インパルスシールは、電気抵抗の大きい発熱体を内蔵した金属製のバーに、低周波衝撃電流（インパルス）を流して、瞬間的に大量の熱を発生させ、これによって加熱したバーによってプラスチックどうしを溶着させる方法です。

また、ポリエチレンのパイプなどの端を熱した金属板にあてて溶かし、パイプとパイプを継ぎ合わせて溶着する方法（つき合わせ接ぎ）もあります。

製品と同じ材質の溶接棒を使い、この溶接棒を熱風で溶かしながら溶接する方法も、ポリ塩化ビニルの板の溶着によく使われています。溶接棒は押出機で作ります。

8.14.4 高周波溶着

熱溶着で、加熱源に高周波を使います。高周波を吸収して熱に変える熱可塑性プラスチックだけに使える溶着法で、軟質のポリ塩化ビニルのフィルムやシートの加工に使われています。高周波電界内にポリ塩化ビニルやポリ塩化ビニリデンをおくと、内部発熱して軟化するので、そうした性質を利用した溶着加工法です。

8.14.5 超音波溶着

超音波振動によって、被溶接物どうしの接触面に発生する摩擦熱によって溶着する方法です。超音波振動素子からホーン（振動伝達金具）へ超音波振動を伝え、ホーンから直接に接合個所に伝えるか、あるいは接合部から離れた個所にホーンを接して伝えるかします。前者は、途中で振動が吸収されてしまって接合個所まで超音波振動が伝わりにくい材料(軟質材料)の場合に使われています。**写真8.2**に超音波溶着機を示しました。

射出成形品どうしの溶着によく使われます。溶着時間はきわめて短く、1～2秒で溶着でき、形状もほとんど問題にしません。同種の材料だけでなく、異種材料であっても、相溶性を持つものであれば溶着できます。

写真8.2　高周波溶着機
（精電舎電子工業）

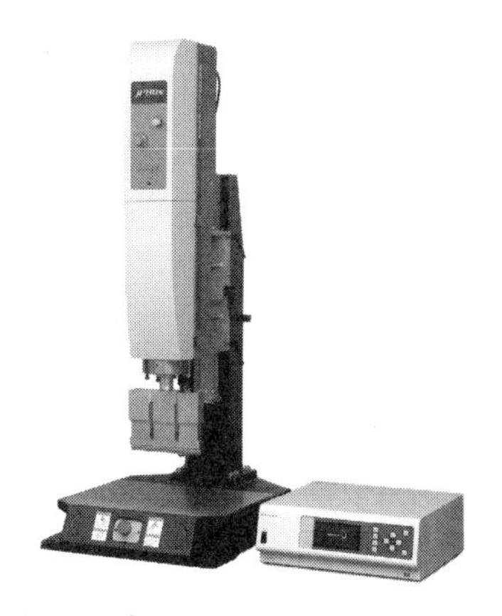

写真8.3　超音波溶着機
（精電舎電子工業）

8.14.6 摩擦溶着

溶着する製品の形が限定されるので、やや応用範囲のせまい溶着法です。溶着面を接してこすり合わせ、面を溶融させて溶着します。特別な装置でなくても工作機械の旋盤やボール盤でも間に合いますが、専用機も多く作られています。この溶着法はフリクション・ウェルディングとも呼ばれ、その中の一部のものにスピン・ウェルディングと呼ばれるものもあります。

一方の製品を固定し、もう一方の製品を固定した製品に圧接して高速で回転あるいは摺動し、接触面の摩擦によって発生する熱によって溶着します。溶着時間は比較的短く、30秒ぐらいです。

8.14.7 レーザー溶着

レーザー光を使ってプラスチックを溶着する方法で、レーザー透過溶着ともいいます。透明な熱可塑性プラスチックと不透明な熱可塑性プラスチックの接合部分を重ね、その部分にレーザー光を送り、不透明なプラスチックにレーザー光を吸収させて溶かし、溶けた後にレーザー照射を止め、溶着します。レーザー光を通す着色剤も開発されており、着色したプラスチックどうしの溶着も可能になっています。

8.14.8 インサートの後打込み

インサート射出成形が、その形状からできない場合や、成形サイクルが長くなるのを避けるため、射出成形の時点ではインサートするための下穴だけをあけておいて、成形後にインサート品を打ち込む方法です。インサート品を機械的に打ち込んだり、超音波溶着機を使ってプラスチックを溶かしながら打ち込む方法があります。

熱硬化性プラスチックで、インサート周囲にひびが入るような場合には、下穴にインサート品を接着剤を使って接着することもあります。

8.14.9 塗装と印刷

プラスチック以外の他の材料と同様に、プラスチックも塗装と印刷ができます。ただ、ポリエチレンやポリプロピレンなど、前処理が必要なプラスチックもあります。

塗装は他の材料と同じ方法で行うことができます。ただし、耐熱性が不足するため、金属と同一条件での焼付け塗装は困難です。印刷方法としては、グラビア印刷、凸版印刷、凸版オセフット印刷、フレキソ印刷、バッドトランスファー印刷（バッド印刷）、スクリーン印刷、インクジェット印刷などが行われています。レーザー印字も印刷の変形として利用されています。

8.14.10 ホットスタンピング

ホットスタンピングはホットフォイル（箔）スタンピングともいいます。ホットスタンプ用の箔を使って、成形品の一部または表面全体に金属光沢や色、模様などを付けて加飾する方法です。ホットスタンピングは大きく分けて二つの方法があります。その一つは、加熱した金属の刻印を使って箔を成形品に押し付け、文字や模様を成形品に付ける方法です。もうひとつは、加熱したシリコーンゴムを使って、ホットスタンピング用箔やフィルムに印刷したホットスタンピング用フォイルを使って成形品に文字や模様を転写するものです。

8.14.11 めっきと真空蒸着

めっきは、プラスチック成形品の表面を化学処理して、めっき層を剥がれにくくしたのち、通電処理を施してから、金属のめっきと同じ方法でめっきをします。プラスチック素材としては、めっきの付着性に優れ、剥がれにくいABSプラスチックがよく使われます。

また、電気を通さずにめっき液に浸すだけでめっきをする無電解めっきも、電波障害を防ぐ用途などに使われています。

真空蒸着は真空めっきともいわれているもので、高い真空度をもたせたタンク内に、めっきしようとするプラスチック成形品を吊るし、同じタンク内でアルミなどの金属を加熱して蒸発させる方法です。高真空中で金属を蒸発させると、金属の蒸気は放射状にタンク内に飛散し、吊り下げられたプラスチックの表面に付着して金属の皮膜を作ります。

真空蒸着の一種にスパッタリング蒸着という方法もあります。真空にしたタンクの上方に陰極、下方に陽極を設け、その中間にめっきしようとするプラスチック製品を設置し、両電極に高い電圧を掛けると、陽イオン化した気体分子が陰極となっている金属板に高速でぶつかり、金属粒子を飛散させます。この粒子は負に帯電しており、陽極に吸収されてタンク内を飛び、その中間にあるプラスチック製品の表面に付着して膜を作ります。スパッタリング蒸着は、一般の真空蒸着より密着力が大きいのが特徴です。

8.14.12　バリアー処理

フィルムやブロー成形品の場合、酸素や炭酸ガスなどを通しにくくするためこうしたガスに対してバリアー性（遮断性）のあるプラスチック材料を貼り合わせたりサンドイッチすることがありますが、プラスチックの成形品に二次加工処理でバリアー性を付与する処理をすることがあります。

熱可塑性プラスチックの容器の内面にバリアー性のある材料を塗布する方法、ふっ素処理して内面をふっ化する方法、薄い炭素膜を容器内面に蒸着させるダイヤモンドライクカーボン（DLC）法、真空下で熱可塑性プラスチックの容器の内面に極く薄いシリカの膜を沈着させる方法などが実用化されています。

8.15　3Dプリンタを使用したモデルの作成

3Dプリンタ（スリーディー プリンタ）が世に出る前は量産型を起こす前に切削加工でモデルを造るか、または、試作金型を作り、成形し、試作品を造ってから、外観、機能などのチェックをおこなってきました。ここで外観などに図面内容に変更が生じた場合、設計を変更して、改めて切削加工モデルを造るか、金型を修正することになるので、時間や費用がかかっていました。

3Dプリンタが使われるようになると3Dプリンタでモデルを作成し、設計段階で外観、機能などの検証が容易にできるようになりました。その3Dモデルで問題がなければ、試作金型を起こし、サンプルを配布し、最終チェックをしてから量産型を製作するようになり、大幅な時間とコストの削減が図られるようになりました（3Dモデルで問題がない場合、直接量産型を製作する場合もあります）。

3Dプリンタとは、一言でいえば積層造形法と言います。紙などを印刷するプリンタは紙の平面にインクを吐出し文字などを印刷しますが、3Dプリンタは、3D CADで作成された三次元データを元にモデルを作成します。一定の温度で熱溶解させた樹脂を積み重ねる材料押出法、液体の光硬化樹脂に光を当てながら少しずつ硬化させる材料噴射法など、三次元的に立体に造形させことができる機器などのことを言います。

2009年にはASTM（国際標準化団体）が積層造形の方法を7種類に分類していますが、上記のほかに粉末床溶融結合法、結合剤噴射法、液槽光重合法、シート積層法、指向エネルギー堆積法があり、熱可塑性樹脂のほか、ゴム、金属、セラミック、石膏、砂、紙などを造形材料として、金属部品、鋳造用砂型のモデル作成などに利用されています。

現在の3Dプリンタは造形速度に少し時間がかかるので、金型を使用した射出成形のような量産には向きません。また、後処理としてラフトやサポート材と呼ばれる形状以外の部分をきれいに除去しないといけないという手間がかかります。逆に一品もの、小ロット品、金型では抜けない形状が造れるなどのメリットもあります。

将来の3Dプリンタは大きな伸びが期待されていますので、これからも新しい方法や技術が開発されたり、高精細になったり、今の欠点が少なくなっていくでしょう。

尚、3Dプリンタは、公設試験研究機関や民間の試験研究機関などに3Dデータを送れば、有料で3Dプリンタを使用したモデルを造ってくれる施設があります。

3Dプリンタの機器自体も安価になり使用できる素材も多くなっているため、企業が個々に購入することも多くなりました。

また、最近は3Dスキャナも登場し、3Dスキャナで読み取ったデータを3D CADに読み込ませ、そのデータを使用して3Dプリンタでモデルを造る技術も出てきています。

9 廃プラスチックの削減、再利用、再資源化

プラスチックは、包装材料に使用された場合などは、製造してから比較的短い間に廃棄物として排出されます。自動車、家電、通信、建築などの耐久消費財に使用されるプラスチックといえども、ライフサイクルは長いものの、いずれは廃棄物として排出されます。プラスチックは、腐りにくい、軽い、かさばるなどから、ごみとして目立ちやすいため、環境問題として指摘されることが多々ありましたが、廃棄プラスチックを有効に利用する技術が次々と開発され、実行に移されています。

プラスチック製品を作る工場でもスクラップが出ますが、これらスクラップは材料の素性がはっきりしており、汚染も少ないので、再度ペレット化して使用することが多く、こうした産業系廃棄物は、一般の廃棄物とは区別され、あまり問題にはなっていません。

問題となるのは、商品として一度市場に出回り、すぐ廃棄されるものです。

この問題は3Rの対応が大事だと言われています。3Rはリデュース（削減）、リユース（再利用）、リサイクル（再資源化）のことです。

リデュースはプラスチックを使用すること自体を減らすことで、使い捨てプラスチックを減らしたりすることです。リユースは使い捨てをせず、繰り返し何回も使うことです。リサイクルは再生して利用のことで、使い終わった製品を再び資源として使うことです。

最近はリフューズ（断る）を加えた4Rが推進されています。リフューズはプラスチックごみの発生源になるレジ袋などをもらったりしないことです。

次にリサイクルのうち、マテリアルリサイクル、ケミカルリサイクル、サーマルリサイクルを取り上げます。

9.1 マテリアルリサイクル

マテリアルリサイクルは、材料リサイクルとも呼ばれているもので、再生利用、プラスチック原料化（ペレット化等）、プラスチック製品化などのことをいいます。

さきに述べた産業廃棄物は、ほとんどがこのマテリアルリサイクル技術によって再利用されています。

最近では容器包装リサイクル法、家電リサイクル法などの法律の施行にともなって、家庭や事務所、店舗などから出るプラスチックもマテリアルリサイクルの対象となっています。ポリエチレンテレフタレートのびん（PETボトル）や発泡ポリスチレン（発泡スチロール）のトレイや梱包材など、一般家庭から出される廃プラスチックは、繊維製品、包装資材、ボトル、文具、日用品などに生まれ変っています。

9.2 ケミカルリサイクル

ケミカルリサイクルの手法としては原料・モノマー化、コークス炉化学原料化、高炉還元剤化などがあります。

原料・モノマー化は、使用済みプラスチックをもとのプラスチックに戻す方法で、代表的なものとして使用済みのPETボトルを、もとのPETボトル成形用コンパウンドに戻すことが行われています。使用済みPETボトルをフレーク状にして、解重合、精製、溶融重合、固相重合というプロセスを経て、もとのPETになります。

コークス炉化学原料化は、家庭から排出された各種の混合廃プラスチックをコークス炉ガスとして利用するものです。

その他、ケミカルリサイクルとしてガス化技術、油化技術なども実用化されています。

9.3 サーマルリサイクル

サーマルリサイクルは、エネルギー回収リサイクルともいわれるもので、油化、ガス化、固形燃料（RPF）化やごみ焼却熱利用、ごみ焼却発電、セメントキルン原燃料化、ゴミ固形燃料（RDF）化などがあります。

その他に廃プラスチックは埋め立てにも使用されていますが、日本国内で消費されるプラスチックを対象としたこれらの比率ではマテリアルリサイクル23％、ケミカルリサイクル４％、サーマルリサイクル57％、単純焼却９％、埋め立て７％となっています。

海外へも輸出されリサイクルや燃料として使用されていますが、中国向けの輸出は2017年末から停止しています（2018年11月時点）。

9.4 プラスチックを燃やすと

プラスチックの主な成分は炭素（C）、水素（H）、酸素（O）です。

例えばプラスチックの中でも使用量の多いポリエチレンは、燃やすと水と二酸化炭素と熱になります。二酸化炭素は地球温暖化の原因となると言われているので二酸化炭素の排出量を抑える4R（リフューズ、リデュース、リユース、リサイクル）を考えた製品設計が必要になってきます。

また、以前は有害物質であるダイオキシンが発生する問題がありました。2001年に「ダイオキシン類対策特別措置法」が施行され、廃棄物焼却施設について規制がされるようになりました。焼却条件の良い焼却炉が増えており、健康被害が出るような量のダイオキシンの発生は報告されていません。

10 プラスチック海洋ごみ問題（みんなプラスチックを食べたくない！）

プラスチックは、車の内装部品やパソコンの筐体（きょうたい）やキーボード、オーディオ、家電製品など長期間使われる製品もあれば、コンビニ弁当のトレー、サンドイッチやおにぎり、お菓子などの包装フィルム、PETボトルや飲料用ストロー、医療現場では注射器のシリンジや点滴バックなど使い捨ての製品も数多くあります。

軽くて丈夫、さびや腐食に強いなどの特長があるプラスチックは大量生産が可能で、プラスチック製品のおかげで世界の産業が著しく発展されたといっても過言ではないと思いますが、ここでは近年、環境問題になっているプラスチック海洋ごみについて記させていただきます。

10.1 昭和40年代の東京

昭和40年代の東京の街中には空き缶、たばこの吸い殻がたくさん落ちていました。台風や大雨の後は、それらを含め、木材、発泡スチロールなども一緒に東京湾の奥の船着き場に浮いており、海の浮遊ごみ回収船が回収していたのを覚えています。高度経済成長期は産業や経済を優先させていたせいか、公害やごみ問題がおろそかになっていた時代でもありました。

10.2 プラスチック海洋ごみを魚や鳥が捕食する問題（食物連鎖問題）

今日の日本では以前のような公害やごみ問題は少なくなってきましたが、世界各地で魚や鳥の死骸の胃から消化できないプラスチックが発見されたり、魚や鳥にプラスチックがからまっている事例が写真付きでクローズアップされるようになりました。

海面に浮いている漂流ごみ、海岸の漂着ごみ、中間層を漂っているごみ、沈んでいる海底ゴミ。これらを見つけた魚や鳥が食べ物だと間違えて捕食してしまいます。当然ですが消化できませんので、排出されるか胃の中に残るかになります。

また、水中の有害化学物質（PCBsやDDTs）は親和性のあるプラスチックに吸着され海洋生物の食物連鎖を通じて人や生態系に影響を及ぼすことにつながってきています。

10.3 漂流ごみ、漂着ごみ、海底ごみ

10.3.1 水に沈むプラスチックごみ

比重が1より大きいプラスチックは水に入れると沈みます。

PET、ABS、PA、PCなどがあり、これらのプラスチックは水に沈む海底ごみになります。

10.3.2 水に浮くプラスチックごみ

比重が1より小さいプラスチックは水に浮きます。

PE、PPがあります。これらは水に浮きますので川や海上を漂う漂流ごみとなり、国境なく世界の海を漂います。帯状に漂流することもあり、船舶の航行に支障をきたすこともあります。海岸に打ち上げられる漂着ごみには、水に浮くPP製、PE製のものが数多くあります。

10.3.3 水の中間層に漂うプラスチック

比重により浮くプラスチック、沈むプラスチックがありますが、波や海流などの影響により中間層を漂ったりすることもあります。

10.3.4 浮くの？　沈むの？

ペットボトルはPET樹脂なので通常は水に沈みますが、ペットボトル内に空気が入っていれば浮きます。

PE、PPは水に浮きますが、劣化や塩分や汚れの付着により沈む場合もあります。

10.4 マイクロ、ビーズ、一次、二次

10.4.1 マイクロプラスチックとマイクロビーズ

一般にマイクロプラスチックとは、5ミリ以下のプラスチックのことと言われていますが、1ミリ以下だとする説もあり、今のところ明確な定義

はありません。

マイクロプラスチックには一次マイクロプラスチック、二次マイクロプラスチックに分けられます。

マイクロビーズとは、0.5ミリ以下の微細なプラスチック粒子のことと言われていますが、こちらも諸説あります。マイクロビーズは洗顔料、化粧品、ボディソープなどのスクラブにも使用されていましたが、2018年日本国内の企業でマイクロビーズを使用した洗顔料はないとされています。

マイクロプラスチックとマイクロビーズを一緒としている説もあります。

マイクロプラスチック、マイクロビーズ共に浮くタイプ、沈むタイプの樹脂があります。

10.4.2 一次マイクロプラスチック、二次マイクロプラスチック

一次マイクロプラスチックは、プラスチックの米粒状の原料や工業用研磨剤や洗顔料、化粧品などに使用されている製造時点で５ミリ以下のビーズ状プラスチックのことです。

二次マイクロプラスチックは、プラスチック製品が自然環境に出て紫外線劣化をしたり、波で打ち砕かれたり、壊れたりして５ミリ以下の細片状になったものです。

10.5 プラスチック海洋ごみの原因と対策

10.5.1 原　因

自然災害のごみを除いて、プラスチック海洋ごみの原因を一言でいえば、「きちんと捨てないから」、「適切に管理・処理しないから」ではないでしょうか。ポイ捨て、まぁいいか、不法投棄の積み重ねの結果です。また、海洋ブイなど漁具のプラスチックごみもありますが、これは、定期的な管理を行なうことで防げるはずです。

10.5.2 流出経路

内陸部から浄水場の無い河川を伝って流出するごみがあります。浄水場にはろ過設備があるので浄水場がある河川はそれよりも下流域で流れ出たごみが考えられます。海洋ごみの5～8割は河川を通じて海に流出している

と言われています。海岸沿いの落ちたごみは風などによりそのまま海に入ってしまいます。

沈む樹脂は川底に残り水面には出ないことが多いのであまり表面化していませんが、こちらも問題です。

10.5.3 分　析

実際に流れ出たごみの回収、処理は急務です。同時に海洋ごみには具体的にはどのようなものがあり、どの国や地域から排出されているのか、新しく正確なデータを分析し、それらを公表することにより、それに見合った具体的な対応、対策が出来ると思います。

10.5.4 対　策

元を絶てばごみは出ませんので、プラスチックごみを出さない!!という意識をしっかり持ち、きちんと決められた場所に分別して捨てることです。漁具に関しては劣化する前に回収や交換をすることです。

プラスチックに関わる工場などでは、ペレットや製品などを落としたら拾って適切に処理します。工場の側溝にはごみ捕集ネットを付けることも敷地外に流出させない対策として有効です。

日常生活では、ポイ捨て、置き捨てをやめて、決められた方法、分別をおこない、ごみを捨てることです。

また、街中、駅、観光地など人の集まる場所にごみ箱を置くなどして、ごみを捨てやすい環境を作ったり、マスコミにはプラスチック海洋ごみの原因を追究する報道をしたりすれば、対策としての効果が上がってくると思っています。

10.6 海岸のごみ拾いに参加

海岸でのごみ拾いに参加したことがあります。空き缶、空き瓶、たばこのフィルター、紙のジュースパック、紐などのごみなどがありましたが、プラスチックごみでは発泡スチロール、PETボトル、キャップ、レジ袋、漁具などがありました。

小さくなればなるほど小さな魚や鳥が摂取しやすくなりますが、1㎝以下の小さなプラスチックごみは目につきましたが、相対的に小さく、広範囲すぎて拾えるものではありませんでした。

また、海のゴミには鋭利なもの、重いもの、ペットボトルに入った変色した液体、危ない場所にあるもの、波など、気を付けながら拾っていかないと危ない目にあうことがわかりました。

10.7 プラスチックごみの国別発生ランキング

2016年に行われた「海洋ごみシンポジウム2016」において発表された「海洋ごみとマイクロプラスチックに関する環境省の取組」によると、「陸上から海洋に流出した国別プラスチックゴミ発生量（2010年推計）ランキング（推計量の最大値を記載）」では、日本は30位で６万t/年を海洋に流出させています。

中国は2010年推計でワースト１位になっています。製造大国で国土の大きい中国ですが、最近の中国はきれいになっています。以前は公園、バス停、食堂までごみが散らかっていましたが、今の中国は以前と見違えるほどきれいになっています。都市部のきれいさは今後、地方にも影響を与えていくでしょう。

経済や生活レベルが上がってくるにつれ、きれいになってきた日本のことを考えると、これからの中国はもっときれいな国になっていき、汚名返上を果たしていくことと思います。

表10.1 陸上から海洋に流出した国別プラスチックゴミ発生量（2010年推計）ランキング

順位	国	発生量
１位	中国	353万t/年
２位	インドネシア	129万t/年
３位	フィリピン	75万t/年
４位	ベトナム	73万t/年
５位	スリランカ	64万t/年
20位	アメリカ	11万t/年
30位	日本	６万t/年

10.8 魚の量よりプラごみの量が上回る

「世界の海に漂うプラスチックごみの量は世界各国が積極的なリサイクル政策を導入しない限り、2050年までに魚の量を上回る」と2016年1月に世界経済フォーラム年次総会（ダボス会議）で発表されています。

10.9 国連も動き出したSDGs

国連に加盟する193カ国は2015年に「持続可能な開発目標」（このことをSDGs（エスディージーズ））を掲げ、2030年までを達成目標としています。

SDGsは持続可能な世界を実現するための17のゴール・169のターゲットから構成されています。

SDGsのゴール14に掲げている「海の豊かさを守ろう」には「2025年までにあらゆる種類の海洋汚染を防止し、大幅に削減する（一部省略）」にはプラスチック海洋ごみ問題も含まれています。2017年に開かれた国連海洋会議では海洋プラスチックゴミを減らすための行動の呼びかけが全会一致で採択されました。

10.10 国の動き

日本では2018年6月に改正海岸漂着物処理推進法（「美しく豊かな自然を保護するための海岸における良好な景観及び環境の保全に係る海岸漂着物等の処理等の推進に関する法律の一部を改正する法律」）が公布されました。

http://www.sangiin.go.jp/japanese/joho1/kousei/gian/196/meisai/m196090196034.htm

その中にはプラスチックの排出抑制が盛り込まれており、事業者は、マイクロプラスチックの海域への流出が抑制されるよう、通常の用法に従った使用の後に河川その他の公共の水域又は海域に排出される製品へのマイクロプラスチックの使用の抑制に努めるとともに、廃プラスチック類の排出が抑制されるよう努めなければならない。などとされました。

環境省はプラスチック資源循環戦略で、2030年までに使い捨てプラスチック排出量25%削減、レジ袋有料化などを目指す。などとしています。

10.11 プラスチック業界におけるプラスチック海洋ごみを無くす取り組み

日本プラスチック工業連盟（以下、プラ工連）では1990年代初頭から「樹脂ペレット漏出防止対策」を推進しています。

2018年には「プラスチック海洋ごみ問題の解決に向けた宣言活動」を開始し、各企業や団体に賛同を呼び掛けています。

プラ工連ではホームページなどを通じて、プラスチックに関わる皆様などへ様々な情報を発信しています。

・ストップ ザ レジン　ポスター
http://www.jpif.gr.jp/9kankyo/conts/resin_pellets.pdf
・プラスチック関連業界の皆さまへ
http://www.jpif.gr.jp/9kankyo/conts/gl_roboshi3_c.pdf

プラスチックに関わる各工場では、ISOやエコアクション21、会社独自の環境に対する取り組みを進めており、プラスチックごみ漏出防止を徹底している工場は数多いです。

ストップ ザ レジンペレット
捨てないで、全部拾おう!
(プラスチック原料)
元を絶つ
こぼれペレットを
速やかに清掃・捕集しよう!
出口を
抑える
網状スクリーン等の
捕集設備を設けよう!
流さない
川や海をきれいにしよう!
「樹脂ペレット漏出防止」の徹底を!
日本プラスチック工業連盟
www.jpif.gr.jp
環境事業団地球環境基金の助成を
受けて製作したものです
地球環境基金
R100

プラスチック関連業界の皆様へ

「樹脂ペレット漏出防止」の徹底を！

「樹脂ペレット」による河川・海洋の汚染が指摘されています。
私たちプラスチック関連業界としては、自らの施設・設備、物流ルートから如何なる形であれ、「樹脂ペレットを外部環境に漏出させてはならない」という決意を再確認し、これまでの対策を自ら見直すとともに、不足している対策については直ちに実施、強化することが重要です。

◆網状スクリーン等の捕集設備を設けよう！（出口を抑える）

ー樹脂ペレットが外部へ漏出するおそれのある排出溝やピットに、捕集用スクリーン(*1)を設けて側溝など外部への漏出を防止する。

(*1) 網目のサイズは目開き1.5mm以下が適当

ー降雨時には、ペレットが外部へ漏出しないよう、設備管理を強化する。

◆こぼれペレットを速やかに清掃・捕集しよう！（元を断つ）

ー樹脂製造、輸送保管、成形加工におけるペレット取扱い時やフレコン等使用済み包装容器の処理時、廃ペレット集荷時にこぼれたペレットは速やかに清掃・捕集し外部への漏出を防止する。

ー外部業者に処理を委託する場合は、再びこぼれたり外部環境へ漏出しないよう適切な指導・助言を行なう。

◆漏出対策実行のための管理体制を整備しよう！（意識の徹底・高揚）

ー「樹脂ペレット漏出防止マニュアル」(*2)を参考にして、各社の実態に合わせた「作業管理マニュアル」を策定し、社内および関係業者にその遵守・徹底を図るとともに、日常管理を徹底する。

(*2) マニュアル全文は日本プラスチック工業連盟ホームページ（http://www.jpif.gr.jp）に掲載

日本プラスチック工業連盟

10.11 新3K職場

新3K職場という言葉をご存知でしょうか。旧来の3K職場とは、汚い、キツイ、危険などの頭文字からきた職場のことで、1989年流行語大賞にノミネートされた言葉です。現在は新3K職場と言葉も新しくなり、「キレイ、快適、輝ける」の頭文字を取り、ごみの無い整理整頓されたきれいな職場、人や機械の安定につながるエアコンや空調の設置で快適な職場、働く人々が輝いて仕事ができる職場のことです。

新3Kの頭文字には、キレイ、快適、輝ける、のほかに、かっこいい、活気がある、極められるなどがあります。

このような新3K職場が多くなれば、環境に対する意識もさらに上がり、働きやすいすばらしい職場になっていくのではないでしょうか。

みんなプラスチックを食べたくない！　将来、自分達の食べ物にプラスチックが入っていないようにしたいものです。これは人間だけでなく、魚や鳥、生き物すべてが同じことを考えているでしょう。

11 「日本国内の各種統計、プラスチック業界の各種統計、主な出来事」と「人口ピラミッド」

1970年（度）から2015年（度）までの「日本国内の各種統計、プラスチック業界の各種統計、主な出来事」と「人口ピラミッドの推移（1970年から2060年推計）」を表してみました。

「日本国内の各種統計、プラスチック業界の各種統計、主な出来事」の長期の統計比較には数々の注意点があります。過去からの統計方法が同一基準でなかったり、名称が変わったりと申し訳ありませんが、【日本国内の各種統計、プラスチック業界の各種統計、主な出来事の注意点】と【人口ピラミッドの推移　の注意点】および詳細は引用元をご覧ください。

主な出来事

第二次世界大戦終戦	1945年（昭和20年）９月
オイルショック	1973年（昭和48年）
バブル景気	1986年（昭和61年）～1991年（平成３年）
消費税３％スタート	1989年（平成元年）６月
日経平均最高（38,915円）	1989年（平成元年）12月
バブル崩壊	1991年（平成３年）～1993年（平成５年）
米国同時多発テロ	2001年（平成13年）９月
リーマンショック	2008年（平成20年）９月
東日本大震災	2011年（平成23年）３月
円高（１ドル75.32円）	2011年（平成23年）10月

表11.1　日本国内の各種統計、プラスチック業界の各種統計

	単位	1970年(度) 昭和45年(度)	1980年(度) 昭和55年(度)	1990年(度) 平成２年(度)	2000年(度) 平成12年(度)	2005年(度) 平成17年(度)	2010年(度) 平成22年(度)	2015年(度) 平成27年(度)
人口総数	千人	104,665	117,060	123,611	126,926	127,768	128,057	127,095
労働力人口(15歳～)	千人	51,530	56,500	63,840	67,660	66,510	66,320	66,250
国民総生産(GNP) 国内総生産(支出側)(実質)(GDP)	10億円	73,050.0	245,547.0	434,154.0	476,723.0	507,158.0	512,423.0	517,426.3
日経平均株価　年末終値	円	1,978.14	7,116.38	23.848.71	13,785.69	16,111.43	10,228.92	19,033.71
外国為替相場(1ドルにつき円)	円	360.00	242.00	150.00	106.00	105.00	83.00	122.00
民間平均給与	千円	939.9	2,948.0	4,252.0	4,610.0	4,368.0	4,120.0	4,204.0
平均給与の平均年齢	歳	―――	39.6	41.4	42.9	43.8	44.7	45.6
平均給与の平均勤続年数	年	―――	10.0	11.3	12.0	11.8	11.6	11.9
東京都最低賃金金額(時間額)	円	―――	405	548	703	714	821	907
プラ製品製造業　事業所数		13,251	22,847	27,974	27,110	23,180	21,803	18,575
プラ製品製造業　従業者数	人	253,078	322,034	453,085	451,133	450,984	436,719	421,957
射出成形機　出荷数量	台	11,175	11,192	20,119	21,366	23,349	15,232	24,748
押出成形機　出荷数量	台	3,583	2,192	2,366	2,807	2,143	1,363	1,656
ポリエチレン　出荷数量	トン	1,214,026	1,793,057	2,715,201	2,818,615	2,637,454	2,685,076	2,303,983
ポリプロピレン　出荷数量	トン	568,689	909,609	1,896,216	2,131,365	2,947,399	2,634,279	2,427,944
プラ製品　出荷金額	百万円	―――	―――	10,198,442	10,240,347	10,586,456	9,973,417	10,901,281
プラ用金型　出荷金額	百万円	44,270	225,266	702,773	663,459	660,149	371,680	451,511

表11.2　人口ピラミッドの推移（1970年から2060年推定まで）

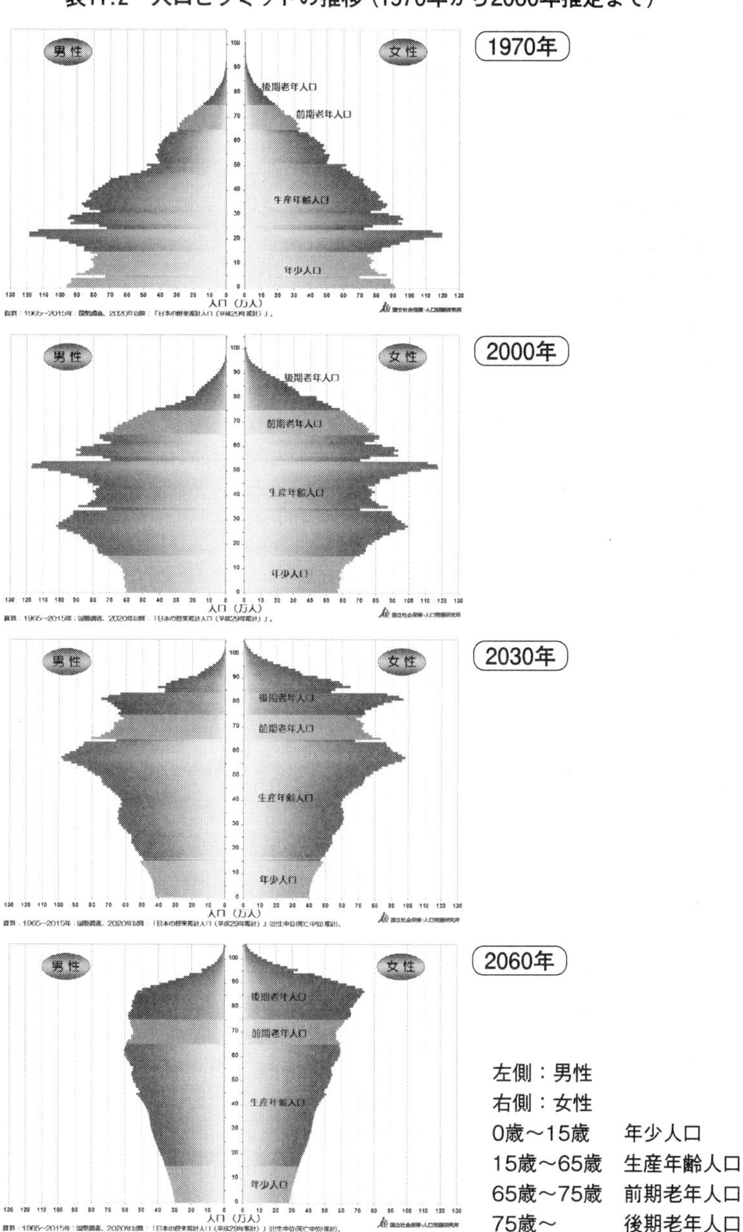

左側：男性
右側：女性
0歳～15歳　年少人口
15歳～65歳　生産年齢人口
65歳～75歳　前期老年人口
75歳～　後期老年人口

【日本国内の各種統計、プラスチック業界の各種統計、主な出来事の注意点】

・プラスチックはスペースの関係でプラと省略して表記しています。
・年は年度の場合もあります。
・各統計の詳細は引用元を参照してください。
・各統計の引用元は【「日本国内の各種統計、プラスチック業界の各種統計、主な出来事」引用元一覧】を参照してください。
・各統計の単位はこの表を比較しやすくするため前後の項目に合わせて直しているものがあります。
・各統計は統計調査方法の変更がある年（度）があるので一概に比較とならない場合があります。
・各統計は同一基準による一貫したデータへの遡及および改定はしていません。
・各統計の数字は後年になって修正されている場合があります。
・各統計の注釈は省略しています。
・労働力人口は15歳以上の人口のうち「就業者」と「完全失業者」を合わせたものです。
・国民総生産（GNP）と国内総生産（GDP）は同じ欄に掲載しています。
・名目GDPは物価の変動を反映した数値。実質GDPは物価変動分を取り除いた数値。本書では実質GDPを掲載しています。

【人口ピラミッドの推移　の注意点】

・引用元:「日本の将来推計人口（平成29年推計）」（国立社会保障・人口問題研究所）
・1970年、2000年：国勢調査
・2030年、2060年:「日本の将来推計人口（平成29年推計）」（出生中位（死亡中位）推計）

【「日本国内の各種統計、プラスチック業界の各種統計、主な出来事」引用元一覧】

人口総数

・1970年（度）（昭和45年（度））～2015年（度）（平成27年（度））：
　第六十九回日本統計年鑑　令和２年　総務省統計局　2-1人口の推移　B大正９年～平成30年

労働力人口（15歳～）

・1970年（度）（昭和45年（度））～1980年（度）（昭和55年（度））：
　第三十九回日本統計年鑑　平成元年　総務庁統計局　3-1就業状態別15歳以上人口（昭和30～63年）　総数　労働力人口　計
・1990年（度）（平成２年（度））～2015年（度）（平成27年（度））：
　第六十九回日本統計年鑑　令和２年　総務庁統計局　19-1就業状態別15歳以上人口　A 総数（平成元～30年）　労働力人口　計

国民総生産（GNP）　国内総生産（支出側）（実質）（GDP）

・1970年（度）（昭和45年（度））：
　日本の統計　1978　総理府統計局編　国民経済計算　327　国民総生産と総

支出勘定　総額（総生産、総支出共通）
・1980年（度）（昭和55年（度））～1990年（度）（平成２年（度））：
日本の統計　平成３年　第16章　国民経済計算　324　国内総生産と総支出勘定（フロー総合勘定）　国内総生産
・2000年（度）（平成12年（度））～2010年（度）（平成22年（度））：
日本の統計　2015　総務省統計局　3-1　国内総生産（支出側）　実質　国内総生産（支出側）
・2015年（度）（平成27年（度））：
日本の統計　2019　総務省統計局　3-1　国内総生産（支出側）　実質（連鎖方式、平成23暦年連鎖価格）　国内総生産（支出側）

日経平均株価　年末終値
・1970年（度）（昭和45年（度））～1980年（昭和55年）：
新版日本長期統計総覧　第３巻　日本統計協会　監修　総務省統計局　14-26業種別東証株価指数（第一部）及び日経平均株価（昭和43年～平成16年）日経平均株価（年末終値）
・1990年（度）（平成２年（度））～2005年（度）（平成17年（度））：
第五十九回日本統計年鑑　平成22年　総務省統計局　14-29証券取引所　D東証株価指数（第一部）及び日経平均株価（平成２年～20年）　日経平均株価（年末）　日経平均株価（東証225種）
・2010年（度）（平成22年（度））～2015年（度）（平成27年（度））：
第六十九回日本統計年鑑　令和２年　総務省統計局　16-24証券取引所　B東証株価指数（第一部）及び日経平均株価（平成22年～30年）　日経平均株価（東証225銘柄）

外国為替相場（1ドルにつき円）
・1970年（度）（昭和45年（度））～2005年（度）（平成17年（度））：
新版日本長期統計総覧　第3巻　日本統計協会　監修　総務省統計局　18-8外国為替相場（昭和25年～平成17年）裁定相場等（各国の1通貨単位当たり円）　基準相場　米ドル（1ドルにつき円）
・2010年（度）（平成22年（度））～2015年（度）（平成27年（度））：
日本の統計2017　総務省統計局　6-8外国為替相場　基準相場　米ドル（1ドルにつき円）

平均給与（平均給与、平均年齢、平均勤続年数）
・1970年（度）（昭和45年（度））：
昭和45年分　税務統計からみた民間給与の実態　―国税庁民間給与実態調査結果報告―　昭和46年9月　国税庁総務課２平均給与　（第4表）給与総額および平均給与　平均給与
・1980年（度）（昭和55年（度））：
昭和55年分　税務統計からみた民間給与の実態　―国税庁民間給与実態統計調査結果報告―　昭和56年9月　国税庁総務課　Ⅱ　1年を通じて勤務した給与所得者　1平均給与　（第6表）給与総額及び平均給与　平均給与　平均年齢　平均勤続年数

・1990年（度）（平成2年（度））：
平成2年分　税務統計からみた民間給与の実態　―国税庁民間給与実態統計調査結果報告―　平成３年9月　国税庁企画課　Ⅱ　1年を通じて勤務した給与所得者　1平均給与　（第6表）給与総額及び平均給与　平均給与　平均年齢　平均勤続年数
・2000年（度）（平成12年（度））：
平成12年分　税務統計からみた民間給与の実態　―国税庁民間給与実態統計調査結果報告書―　平成13年9月　国税庁長官官房企画室　Ⅱ　1年を通じて勤務した給与所得者　１平均給与　（第6表）給与総額及び平均給与　平均給与　平均年齢　平均勤続年数
・2005年（度）（平成17年（度））：
平成17年分　民間給与実態統計調査　―調査結果報告―　平成18年9月　国税庁長官官房企画課　Ⅱ　1年を通じて勤務した給与所得者　１平均給与（第6表）給与総額及び平均給与　平均給与　平均年齢　平均勤続年数
・2010年（度）（平成22年（度））：
平成22年分　民間給与実態統計調査　―調査結果報告―　平成23年9月　国税庁長官官房企画課　Ⅱ　1年を通じて勤務した給与所得者　１平均給与（第6表）給与総額及び平均給与　平均給与　平均年齢　平均勤続年数
・2015年（度）（平成27年（度））：
平成22年分　民間給与実態統計調査　―調査結果報告―　平成28年9月　国税庁長官官房企画課　Ⅱ　1年を通じて勤務した給与所得者　1給与所得者数及び給与総額　2平均給与　（第8表）平均給与　平均給与　平均年齢　平均勤続年数

東京都最低賃金金額（時間額）

・1980年（度）（昭和55年（度））～2015年（度）（平成27年（度））：
厚生労働省　東京労働局　統計情報　東京都最低賃金改正経過一覧

プラスチック製品製造業　事業所数　及び　従業者数

・1970年（度）（昭和45年（度））：
昭和45年　工業統計表　産業編　通商産業大臣官房調査統計部　1総合統計表（産業細分類別）　396プラスチック製品製造業（別掲を除く）　事業所数　従業者数
・1980年（度）（昭和55年（度））：
昭和55年　工業統計表　産業編　通商産業大臣官房調査統計部　1総合統計表（産業細分類別）　396プラスチック製品製造業（別掲を除く）　事業所数　従業者数
・1990年（度）（平成2年（度））：
平成2年　工業統計表　産業編　通商産業大臣官房調査統計部　総合統計表（産業細分類別）　22プラスチック製品製造業（別掲を除く）　事業所数　従業者数
・2000年（度）（平成12年（度））：
平成12年　工業統計表　産業編　経済産業省経済産業政策局調査統計部

総合統計表（産業細分類別） 22プラスチック製品製造業（別掲を除く） 事業所数 従業者数

・2005年（度）（平成17年（度））：
平成17年 工業統計表 産業編 経済産業省経済産業政策局調査統計部 総合統計表（産業細分類別） 19プラスチック製品製造業（別掲を除く） 事業所数 従業者数

・2010年（度）（平成22年（度））：
平成22年 2010 工業統計表 産業編 経済産業省大臣官房調査統計グループ 1.推計を含む全製造事業所に関する統計表（産業細分類別） 18プラスチック製品製造業（別掲を除く） 事業所数 従業者数

・2015年（度）（平成27年（度））：
平成28年 経済センサス−活動調査報告 第6巻 製造業に関する集計（「平成27年工業統計調査」相当）その2 産業編 総務省統計局・経済産業省大臣官房調査統計グループ Ⅰ産業別統計表（産業細分類別） 第1表 産業細分類別事業所数 従業者数……及び付加価値額（全事業所） 18プラスチック製品製造業（別掲を除く） 事業所数 従業者数

射出成形機 出荷数量

・1970年（度）（昭和45年（度））：
昭和45年 工業統計表 品目編 通商産業大臣官房調査統計部 第1部 製造品に関する統計表 1品目別出荷および産出事業所数 34一般機械器具製造業 346611射出成形機

・1980年（度）（昭和55年（度））：
昭和55年 工業統計表 品目編 通商産業大臣官房調査統計部 第1部 製造品に関する統計表 1品目別出荷及び産出事業所数 34一般機械器具 346611射出成形機

・1990年（度）（平成2年（度））：
平成2年 工業統計表 品目編 通商産業大臣官房調査統計部 第1部 製造品に関する統計表 総合統計表（全事業所）29一般機械器具 296611射出成形機

・2000年（度）（平成12年（度））：
平成12年 工業統計表 品目編 経済産業省経済産業政策局調査統計部 第1部 製造品に関する統計表 1.品目別出荷及び事業所数（従業者4人以上の事業所） 29一般機械器具 296611射出成形機

・2005年（度）（平成17年（度））：
平成17年 工業統計表 品目編 経済産業省経済産業政策局調査統計部 第1部 製造品に関する統計表 総合統計表（全事業所） 26一般機械器具 266611射出成形機

・2010年（度）（平成22年（度））：
平成22年 工業統計表 品目編 経済産業省大臣官房調査統計グループ 第1部 製造品に関する統計表 1.品目別出荷及び産出事業所数（従業者4人以上の事業所） 26生産用機械器具 265311射出成形機

・2015年（度）（平成27年（度））：

平成28年　経済センサス－活動調査報告　第6巻　製造業に関する集計（「平成27年工業統計調査」相当）その1　品目編　総務省統計局・経済産業省大臣官房調査統計グループ　製造品に関する統計表　第1表　品目別出荷及び産出事業所数（全事業所）　26生産用機械器具　265311射出成形機

押出成形機　出荷数量

・1970年（度）（昭和45年（度））：

昭和45年　工業統計表　品目編　通商産業大臣官房調査統計部　第1部　製造品に関する統計表　1品目別出荷および産出事業所数　34一般機械器具製造業　346612押出成形機

・1980年（度）（昭和55年（度））：

昭和55年　工業統計表　品目編　通商産業大臣官房調査統計部　第1部　製造品に関する統計表　1品目別出荷及び産出事業所数　34一般機械器具　346612押出成形機

・1990年（度）（平成2年（度））：

平成2年　工業統計表　品目編　通商産業大臣官房調査統計部　第1部　製造品に関する統計表　総合統計表（全事業所）29一般機械器具　296612押出成形機

・2000年（度）（平成12年（度））：

平成12年　工業統計表　品目編　経済産業省経済産業政策局調査統計部　第1部　製造品に関する統計表　総合統計表（全事業所）　29一般機械器具　296612押出成形機

・2005年（度）（平成17年（度））：

平成17年　工業統計表　品目編　経済産業省経済産業政策局調査統計部　第1部　製造品に関する統計表　1.品目別出荷及び産出事業所数（従業者4人以上の事業所）　26一般機械器具　266612押出成形機

・2010年（度）（平成22年（度））：

平成22年　工業統計表　品目編　経済産業省大臣官房調査統計グループ　第1部　製造品に関する統計表　1.品目別出荷及び産出事業所数（従業者4人以上の事業所）　26生産用機械器具　265312押出成形機

・2015年（度）（平成27年（度））：

平成28年　経済センサス－活動調査報告　第6巻　製造業に関する集計（「平成27年工業統計調査」相当）その1　品目編　総務省統計局・経済産業省大臣官房調査統計グループ　製造品に関する統計表　第1表　品目別出荷及び産出事業所数（全事業所）　26生産用機械器具　265312押出成形機

ポリエチレン　出荷数量

・1970年（度）（昭和45年（度））：

昭和45年　工業統計表　品目編　通商産業大臣官房調査統計部　第1部　製造品に関する統計表　1品目別出荷および産出事業所数　26化学工業製品　263716ポリエチレン

・1980年(度)(昭和55年(度)):
昭和55年　工業統計表　品目編　通商産業大臣官房調査統計部　第1部　製造品に関する統計表　1品目別出荷及び産出事業所数　26化学工業製品　263716ポリエチレン
・1990年(度)(平成2年(度)):
平成2年　工業統計表　品目編　通商産業大臣官房調査統計部　第1部　製造品に関する統計表　総合統計表(全事業所)20化学工業製品　203716ポリエチレン
・2000年(度)(平成12年(度)):
平成12年　工業統計表　品目編　経済産業省経済産業政策局調査統計部　第1部　製造品に関する統計表　総合統計表(全事業所)　20化学工業製品　203716ポリエチレン
・2005年(度)(平成17年(度)):
平成17年　工業統計表　品目編　経済産業省経済産業政策局調査統計部　第1部　製造品に関する統計表　総合統計表(全事業所)　17化学工業製品　173516ポリエチレン
・2010年(度)(平成22年(度)):
平成22年　工業統計表　品目編　経済産業省大臣官房調査統計グループ　第1部　製造品に関する統計表　1.品目別出荷及び産出事業所数(従業者4人以上の事業所)　16化学工業製品　163516ポリエチレン
・2015年(度)(平成27年(度)):
平成28年　経済センサスー活動調査報告　第6巻　製造業に関する集計(「平成27年工業統計調査」相当)その1　品目編　総務省統計局・経済産業省大臣官房調査統計グループ　製造品に関する統計表　第1表　品目別出荷及び産出事業所数(全事業所)　16化学工業製品　163516ポリエチレン

ポリプロピレン　出荷数量

・1970年(度)(昭和45年(度)):
昭和45年　工業統計表　品目編　通商産業大臣官房調査統計部　第1部　製造品に関する統計表　1品目別出荷および産出事業所数　26化学工業製品　263718ポリプロピレン
・1980年(度)(昭和55年(度)):
昭和55年　工業統計表　品目編　通商産業大臣官房調査統計部　第1部　製造品に関する統計表　1品目別出荷及び産出事業所数　26化学工業製品　263721ポリプロピレン
・1990年(度)(平成2年(度)):
平成2年　工業統計表　品目編　通商産業大臣官房調査統計部　第1部　製造品に関する統計表　総合統計表(全事業所)20化学工業製品　203718ポリプロピレン
・2000年(度)(平成12年(度)):
平成12年　工業統計表　品目編　経済産業省経済産業政策局調査統計部　第1部　製造品に関する統計表　1.品目別出荷及び事業所数(従業者4人以上

の事業所）　20化学工業製品　203718ポリプロピレン
・2005年（度）（平成17年（度））：
平成17年　工業統計表　品目編　経済産業省経済産業政策局調査統計部　第1部　製造品に関する統計表　総合統計表（全事業所）　17化学工業製品　173518ポリプロピレン
・2010年（度）（平成22年（度））：
平成22年　工業統計表　品目編　経済産業省大臣官房調査統計グループ　第1部　製造品に関する統計表　1.品目別出荷及び産出事業所数（従業者4人以上の事業所）　16化学工業製品　163518ポリプロピレン
・2015年（度）（平成27年（度））：
平成28年　経済センサス－活動調査報告　第6巻　製造業に関する集計（「平成27年工業統計調査」相当）その1　品目編　総務省統計局・経済産業省大臣官房調査統計グループ　製造品に関する統計表　第4表　品目別、都道府県別の出荷及び産出事業者（従業者4人以上の事業所）　16化学工業製品　163518ポリプロピレン

プラスチック製品　出荷金額

・1990年（度）（平成2年（度））：
平成2年　工業統計表　品目編　通商産業大臣官房調査統計部　第1部　製造品に関する統計表　総合統計表（全事業所）22プラスチック製品出荷金額
・2000年（度）（平成12年（度））：
平成12年　工業統計表　品目編　経済産業省経済産業政策局調査統計部　第1部　製造品に関する統計表　総合統計表（全事業所）　22プラスチック製品出荷金額
・2005年（度）（平成17年（度））：
平成17年　工業統計表　品目編　経済産業省経済産業政策局調査統計部　第1部　製造品に関する統計表　総合統計表（全事業所）　19プラスチック製品出荷金額
・2010年（度）（平成22年（度））：
平成22年　工業統計表　品目編　経済産業省大臣官房調査統計グループ　第1部　製造品に関する統計表　1.品目別出荷及び産出事業者数（従業者4人以上の事業所）　18プラスチック製品出荷金額
・2015年（度）（平成27年（度））：
平成28年　経済センサス－活動調査報告　第6巻　製造業に関する集計（「平成27年工業統計調査」相当）その1　品目編　総務省統計局・経済産業省大臣官房調査統計グループ　製造品に関する統計表　第1表　品目別出荷及び産出事業所数（全事業所）　18プラスチック製品出荷金額

プラスチック用金型　出荷金額

・1970年（度）（昭和45年（度））：
昭和45年　工業統計表　品目編　通商産業大臣官房調査統計部　第1部　製造品に関する統計表　1品目別出荷および産出事業所数　34一般機械器具製造業　349614プラスチック用金型出荷金額

・1980年（度）（昭和55年（度））：
昭和55年　工業統計表　品目編　通商産業大臣官房調査統計部　第1部　製造品に関する統計表　1品目別出荷及び産出事業所数　34一般機械器具　349614プラスチック用金型出荷金額
・1990年（度）（平成2年（度））：
平成2年　工業統計表　品目編　通商産業大臣官房調査統計部　第1部　製造品に関する統計表　総合統計表（全事業所）29一般機械器具　299614プラスチック用金型出荷金額
・2000年（度）（平成12年（度））：
平成12年　工業統計表　品目編　経済産業省経済産業政策局調査統計部　第1部　製造品に関する統計表　総合統計表（全事業所）　29一般機械器具　299614プラスチック用金型出荷金額
・2005年（度）（平成17年（度））：
平成17年　工業統計表　品目編　経済産業省経済産業政策局調査統計部　第1部　製造品に関する統計表　総合統計表（全事業所）　26一般機械器具　269614プラスチック用金型出荷金額
・2010年（度）（平成22年（度））：
平成22年　工業統計表　品目編　経済産業省大臣官房調査統計グループ　第1部　製造品に関する統計表　1.品目別出荷及び産出事業者数（従業者4人以上の事業所）　26生産用機械器具　269211プラスチック用金型出荷金額
・2015年（度）（平成27年（度））：
平成28年　経済センサス-活動調査報告　第6巻　製造業に関する集計（「平成27年工業統計調査」相当）その1　品目編　総務省統計局・経済産業省大臣官房調査統計グループ　製造品に関する統計表　第1表　品目別出荷及び産出事業所数（全事業所）　26生産用機械器具　269211プラスチック用金型

12 ものづくり業界、プラスチック業界での仕事の“やりがい”

筆者は金型製作と射出成形に従事していました。

金型製作では、黒皮の鋼材をバンドソーで側面をカットし、フェイスミルで表面を削り、研削盤で角出し、寸法出し。マシニングで図面を見ながらダイレクトにプログラムを入力し、ツールを交換しながら形状加工。ランナー溝や形状のカッター目はセラミックストーンなどで磨いていました。

射出成形では金型を取り付け、自分で条件を出し、製品のゲートカット、梱包、出荷まで行なっていた時がありました。

ある製品では、企画、設計は違いますが、自分で金型を作って成形して納めた製品が東京の原宿にある竹下通りの店舗で販売されました。自分の作った製品が並ぶとあって、仕事のない土日は朝からそのお店が見える所で、お客様が買うところをずっと見て、買ったお客様が自分の横を通る際に心の中でありがとうございました。と頭を下げた経験もありました。

自分のたずさわった製品が世に出ていくのに嬉しくないはずはありません。

今の話は一例ですが、プラスチックと一言で言ってもたくさんの人たちがたずさわっています。

例えば、プラスチックの元となる原油を運んでくるタンカーに関わる方々、石油コンビナートに関わる方々、プラスチック原料に関わる方々、成形機メーカー、金型メーカー、商社さんはじめプラスチックを使う自動車メーカー、家電メーカー、食品包装などなど、関係する方々は数えきれないほど多くの方が携わっています。

自分がたずさわったものをお客様が使ってもらって、これほど嬉しいことはありません。

現場にたずさわる者としては「この製品の条件は私が出しました。ここの最後を充填するのに結構苦労しました」とか「この製品の初めのロットは時間が無くて夜遅くまでやっていたな」など、自分がやった仕事の事を話せることは素晴らしいことで誇らしいことだと思います。聞いている方も「かっこいい」と思うことでしょう。

最近はプラスチック海洋ごみが問題となっていますが、これからは3R、4Rが活発になって、世の中が環境に配慮したものづくり業界になって行き、プラスチック業界も大きな変化があると思いますが、“やりがい”のある仕事だと筆者は思っています。

プラスチックの略語
(ホモポリマー材料、コポリマー材料、天然高分子材料)

ISO－1043－1 (JIS K 6899－1) による。(太字は比較的多く使われているもの)

略語	材料名	参考
AB	アクリロニトリル－ブタジエンプラスチック	
ABAK	アクリロニトリル－ブタジエン－アクリル酸エステルプラスチック	ABAともいう
ABS	アクリロニトリル－ブタジエン－スチレンプラスチック	ABS樹脂
ACS	アクリロニトリル－塩素化ポリエチレン－スチレン	ACPESともいう
AEPDS	アクリロニトリル－(エチレン－プロピレン－ジエン)－スチレンプラスチック	AEPDMEともいう
AMMA	アクリロニトリル－メタクリル酸メチルプラスチック	
ASA	アクリロニトリル－スチレン－アクリル酸エステルプラスチック	
CA	酢酸セルロース	
CAB	酢酸酪酸セルロース	
CAP	酢酸プロピオン酸セルロース	
CEF	セルロースホルムアルデヒド	
CF	クレゾールホルムアルデヒド樹脂	
CMC	カルボキシメチルセルロース	
CN	硝酸セルロース	
COC	シクロオレフィンコポリマー	
CP	プロピオン酸セルロース	
CTA	三酢酸セルロース	
EAA	エチレン－アクリル酸プラスチック	
EBAK	エチレン－アクリル酸ブチルプラスチック	EBAともいう
EC	エチルセルロース	
EEAK	エチレン－アクリル酸エチルプラスチック	EEAともいう
EMA	エチレン－メタクリル酸プラスチック	
EP	エポキシド、エポキシ樹脂又はエポキシプラスチック	
E/P	エチレン－プロピレンプラスチック	EPMともいう
ETFE	エチレン－テトラフルオロエチレンプラスチック	
EVAC	エチレン－酢酸ビニルプラスチック	EVAともいう

略　語	材　料　名	参　考
EVOH	エチレン－ビニルアルコールプラスチック	
FEP	ペルフルオロ（エチレン－プロピレン）プラスチック	PFEPともいう
FF	フラン－ホルムアルデヒド樹脂	
LCP	液晶ポリマー	
MABS	メタクリル酸メチル－アクリロニトリル－ブタジエン－スチレンプラスチック	
MBS	メタクリル酸メチル－ブタジエン－スチレンプラスチック	
MC	メチルセルロース	
MF	メラミン－ホルムアルデヒド樹脂	メラミン樹脂
MP	メラミン－フェノール樹脂	
MSAN	α－メチルスチレン－アクリロニトリルプラスチック	
PA	ポリアミド	（ナイロン）
PAA	ポリアクリル酸	
PAEK	ポリアリールエーテルケトン	
PAI	ポリアミドイミド	
PAK	ポリアクリル酸エステル	
PAN	ポリアクリロニトリル	
PAR	ポリアリレート	
PARA	ポリアリールアミド	
PB	ポリブテン	
PBAK	ポリアクリル酸ブチル	
PBD	1,2－ポリブタジエン	
PBN	ポリブチレンナフタレート	
PBT	ポリブチレンテレフタレート	
PC	ポリカーボネート	
PCCE	ポリシクロヘキシレンジメチレン＝シクロヘキサンジカルボキシレート	
PCL	ポリカプロラクトン	
PCT	ポリシクロヘキシレンジメチレン＝テレフタレート	
PCTFE	ポリクロロトリフルオロエチレン	
PDAP	ポリジアリルフタレート	ジアリルフタレート樹脂
PDCPD	ポリジシクロペンタジエン	
PE	ポリエチレン	
PE－C	ポリエチレン、塩素化	CPEともいう
PE－HD	ポリエチレン、高密度	HDPEともいう

略　語	材　料　名	参　考
PE－LD	ポリエチレン、低密度	LDPEともいう
PE－LLD	ポリエチレン、線状低密度	LLDPEともいう
PE－MD	ポリエチレン、中密度	MDPEともいう
PE－UHMW	ポリエチレン、超高分子量	UHMWPEともいう
PE－VLD	ポリエチレン、極低密度	VLPEともいう
PEC	ポリエステルカーボネート	
PEEK	ポリエーテルエーテルケトン	
PEEST	ポリエーテルエステル	
PEI	ポリエーテルイミド	
PEK	ポリエーテルケトン	
PEN	ポリエチレンナフタレート	
PEOX	ポリエチレンオキシド	
PESTUR	ポリエステルウレタン	
PESU	ポリエーテルスルホン	
PET	ポリエチレンテレフタレート	
PEUR	ポリエーテルウレタン	
PF	フェノール－ホルムアルデヒド樹脂	フェルーノ樹脂
PFA	ペルフルオロアルコキシアルカン樹脂	
PI	ポリイミド	
PIB	ポリイソブチレン	
PIR	ポリイソシアヌレート	
PK	ポリケトン	
PMI	ポリメタクリルイミド	
PMMA	ポリメタクリル酸メチル	メタクリル樹脂、アクリル樹脂
PMMI	ポリ（N－メチルメタクリルイミド）	
PMP	ポリ（4－メチルペンター1－エン）	
PMS	ポリ（α－メチルスチレン）	
POM	ポリオキシメチレン、ポリアセタール、ポリホルムアルデヒド	
PP	ポリプロピレン	
PP－E	ポリプロピレン、発泡性	E－PPともいう
PP－HI	ポリプロピレン、耐衝撃性	HI－PPともいう
PPE	ポリフェニレンエーテル	
PPOX	ポリプロピレンオキシド	
PPS	ポリフェニレンスルフィド	
PPSU	ポリフェニレンスルホン	
PS	ポリスチレン	

略　語	材　料　名	参　考
PS－E	ポリスチレン、発泡性	EPSともいう
PS－HI	ポリスチレン、耐衝撃性	HI－PSともいう
PSU	ポリスルホン	
PTFE	ポリテトラフルオロエチレン	四ふっ化エチレン樹脂
PTT	ポリトリメチレンテレフタレート	
PUR	ポリウレタン	
PVAC	ポリ酢酸ビニル	
PVAL	ポリビニルアルコール	PVOHともいう
PVB	ポリビニルブチラール	
PVC	ポリ塩化ビニル	塩化ビニル樹脂
PVC－C	ポリ塩化ビニル、塩素化	
PVC－U	ポリ塩化ビニル、無可塑	
PVDC	ポリ塩化ビニリデン	塩化ビニリデン樹脂
PVDF	ポリふっ化ビニリデン	
PVF	ポリふっ化ビニル	
PVFM	ポリビニルホルマール	
PVK	ポリ－N－ビニルカルバゾール	
PVP	ポリ－N－ビニルピロリドン	
SAN	スチレン－アクリロニトリルプラスチック	AS樹脂
SB	スチレン－ブタジエンプラスチック	
SI	シリコーンプラスチック	シリコーン樹脂
SMAH	スチレン－無水マレイン酸プラスチック	S/MAまたはSMAともいう
SMS	スチレン－α－メチルスチレンプラスチック	
UF	ユリア－ホルムアルデヒド樹脂	ユリア樹脂
UP	不飽和ポリエステル	不飽和ポリエステル樹脂
VCE	塩化ビニル－エチレンプラスチック	
VCEMAK	塩化ビニル－エチレン－アクリル酸メチルプラスチック	VCEMAともいう
VCEVAC	塩化ビニル－エチレン－酢酸ビニルプラスチック	
VCMAK	塩化ビニル－アクリル酸メチルプラスチック	VCMAともいう
VCMMA	塩化ビニル－メタクリル酸メチルプラスチック	
VCOAK	塩化ビニル－アクリル酸オクチルプラスチック	VCOAともいう
VCVAC	塩化ビニル－酢酸ビニルプラスチック	
VCVDC	塩化ビニル－塩化ビニリデンプラスチック	
VE	ビニルエステル樹脂	

その他、プラスチック産業で良く使われる用語、単位等の略語

APET	amorphous polyethylene terephthalate
APP	atactic polypropylene
ASTM	American Society for Testing and Materials
BMC	bulk molding compounds
BO	biaxially oriented(film)
BOPA	biaxially oriented nylon
BOPET	biaxially oriented PET
BOPP	biaxially oriented PP
BOPS	biaxially oriented polystyrene
CAD	computer aided design
CAE	computer aided engineering
CAM	computer aided manufacturing
CAP	controlled atmosphere
CIM	computer integrated manufacturing
CPP	cast polypropylene
EB	electron beam
EDM	electrical discharge machining
EMC	electromagnetic compatibility
EMI	electromagnetic interference
ETP	engineering thermoplastics
FDA	U.S.Food and Drug Admin.
FR	flame retardant
FRP	fiber-reinforced plastics
GIM	gas injection molding
GIT	gas injection technique
GMT(P)	glass-mat-reinforced thermoplastics
GRP	glass-fiber-reinforced plastics
HB	Brinell hardness number
HRc	Rockwell hardness
IM	injection molding
IMC	inmold coating
IMD	inmold decoration
ISO	International Standerdization Organization
kN	Kilo Newton
L/D	length-to-diameter ratio
LIM	liquid injection molding
MFI	melt flow index
MFR	melt flow rate
MI	melt index
μm	micrometer
MPa	mega Pascal
nm	nanometer
OEM	original equipment manufacturer
OPET	oriented polyethylene terephtalate
OPP	oriented polypropylene
OPS	oriented polystyrene
Pa	Pascal
PIM	powder injection molding
PLC	programmable logic controller
ppm	parts per million
psi	pounds per square inch
QMC	quick mold change
RFI	radio frequency interference
RFID	radio frequency identification
RIM	reaction injection molding
RM	rapid manufacturing
rpm	revolutions per minute
RT	rapid tooling
RTD	resistance temperature detector
RTM	resin transfer molding
RTV	room-temperature vulcanizing
SMC	sheet molding compound
SPC	statistical process control
SRIM	structural reaction injection molding
TEO	thermoplastic elastmeric olefin
Tg	glass transition temperature
TMA	thermomechanical analysis
TMC	thick molding compound
TPE	thermoplastic elastomer
TPO	thermoplastic olefins
TPU	thermoplastic polyurethane
TPV	thermoplastic vulcanizate
WIT	water injection technique
WVTR	water vapor transmission rate
X－PE	crosslinked polyethylene

プラスチックの性質と加工条件

	熱可塑性				
	ポリエチレン			エチレン・酢酸ビニルコポリマー	アイオノマー
	低密度ポリエチレン	高密度ポリエチレン	超高分子量ポリエチレン		
略語 ISO 1043-1 / JIS 6899-1	PE－LD	PE－HD	PE－UHMW	EVAC	
成形条件 予備乾燥 温度 ℃	－	－	－	－	－
成形条件 予備乾燥 時間 hr	－	－	－	－	－
成形条件 射出成形 シリンダー温度 ℃	150～230	175～260	－	175～220	100～200
成形条件 射出成形 金型温度 ℃	20～60	20～60	－	20～60	20～60
成形条件 射出成形 成形収縮率 %	2.0～2.2	1.5～5.0	－	0.7～2.0	0.5～1.0
二次加工性 塗装・印刷				＋	－
二次加工性 溶剤接着・接着剤接着				＋	－
二次加工性 熱溶着 バーシール・インパクトシール	＋	＋		＋	－
二次加工性 熱溶着 突き合せ溶着	＋	＋		＋	－
二次加工性 熱溶着 超音波溶着					
二次加工性 熱溶着 スピン溶着・振動溶着					
二次加工性 熱溶着 レーザー溶着					
二次加工性 ホットスタンピング					
二次加工性 真空蒸着・スパッタリング					
密度 ISO 1183 / JIS K 7112	0.919	0.958	0.94	0.93	0.95～0.96
機械的性質 引張り強さ ISO 527 / JIS K 7112 MPa	1.0～2.0	2.0～3.0	8.8	1.5～1.7	1.7～8.7
機械的性質 伸び ISO 527 / JIS K 7112 %	100～1,000	100～1,000	0.05～500	200～250	
機械的性質 曲げ強さ ISO 178 / JIS K 7171 MPa					
機械的性質 曲げ弾性率 ISO 178 / JIS K 7171 GPa	0.2～5.5	0.5～1.2	NB	5.0	
機械的性質 衝撃強さ シャルピー衝撃強さ(ノッチ付き) kJ/㎡					
機械的性質 硬さ ロックウェル ISO 2039 / JIS K 7202			R50	R86	
機械的性質 硬さ ジュロメーター ISO 868 / JIS K 7215	D40～50	D56～78	D51～63	D42	D60～65
熱的性質 結晶融点 ℃	80～115	130～140	125～140	55～100	
熱的性質 荷重たわみ温度 ISO 75 / JIS K 7191 (0.45MPa) ℃	40～45	50～80			40～47
熱的性質 荷重たわみ温度 ISO 75 / JIS K 7191 (1.8MPa) ℃			40～		24～28
熱的性質 線膨張係数 ISO 11359 10^{-5}/K	100～220				
電気的性質 耐電圧 IEC 60243-1 / JIS C 2110 kV/㎜					
電気的性質 耐トラッキング IEC 60112 / JIS C 60112					
電気的性質 比誘電率 IEC 60250					
その他 透明性	透明～半透明	半透明	半透明	透明～半透明	半透明
その他 吸水率 ISO 62 / JIS K 7209 (24hr) %	＜0.01	＜0.09	＜0.01		

注；全て一般品種のデータ　＋＋適、　＋可、　－不可

プ	ラ	ス	チ	ッ	ク			
			ポリスチレン					
ポリプロピレン	30%ガラス繊維強化	ポリメチルペンテン	一般用ポリスチレン	耐衝撃性ポリスチレン	スチレン・ブタジエンコポリマー	スチレン・無水マレイン酸コポリマー	スチレン・アクリロニトリルコポリマー	30%ガラス繊維強化
PP	PP－GF30	PMP	PS－GP	PS－HI	SB	SMA	SAN	SAN－GF30
－	－	－	－	－	80	80	80	80
－	－	－	－	－	2	2	2	2
190～290	200～290		170～220	170～250	170～250	200～215	180～210	200～230
10～50	20～50		20～30	20～30		10～90	50～80	50～80
1.4～1.8	0.2～0.3	1.7～2.1	0.4～0.7	0.4～0.7	0.4～0.7	0.5～0.6	0.4～0.5	0.1～0.8
－	－	－	＋＋	＋＋	＋＋	＋＋	＋＋	＋＋
－	－	－	＋＋	＋＋	＋＋	＋＋	＋＋	＋＋
－	－	－	＋＋	＋＋	＋＋	＋＋	＋＋	＋＋
－	－	－	＋＋	＋＋	＋＋	＋＋	＋＋	＋＋
	＋		＋＋	＋＋	＋＋	＋＋	＋＋	＋＋
	＋		＋＋	＋＋	＋＋	＋＋	＋＋	＋＋
	＋		＋＋	＋＋	＋＋	＋＋	＋＋	＋＋
	＋		＋＋	＋＋	＋＋	＋＋	＋＋	＋＋
	＋		＋＋	＋＋	＋＋	＋＋	＋＋	＋＋
0.9	1.12	0.83	1.01～1.02	1.01～1.05	1.02	1.02～1.12	1.08	1.31
35	160	26～32	45～87	40～50	13～20	25～65	70～76	115
100					200～180	18～30		
	175	25～48	62～80	40～70	18～44	130～210	125～74	150
			0.32～3.3	D50～				
2.5	7.3							
R100	R110	R65～90	M83～84			M76～86	M85～57	
95		7.5～9.0		95～105	6.2～7.7			
	160		76～82	75～90			58～87	107
		NB						
		212			2.5	2		
半透明		透明	透明	半透明			透明	
							0.4～0.6	

			熱可塑性				
			ABSプラスチック			アクリロニトリル－スチレン－アクリルエステルプラスチック	アクリロニトリル－EPDM－スチレンプラスチック
			一般用	30%ガラス繊維強化	耐衝撃性		
略語 ISO 1043-1 / JIS 6899-1			ABS	ABS-GF30	ABS	ASA	AES
成形条件	予備乾燥	温度 ℃	80	80	80	80	80
		時間 hr	2	2	2	2	2
	射出成形	シリンダー温度 ℃	200～260	200～260	200～260	200～260	200～260
		金型温度 ℃	50～80	50～80	60～80	60～80	40～80
		成形収縮率 %	0.4～0.6	0.1～0.2	0.4～0.8	0.5～0.7	0.4～0.7
二次加工性	塗装・印刷		＋＋	＋＋	＋＋	＋＋	＋＋
	溶剤接着・接着剤接着		＋＋	＋＋	＋＋	＋＋	＋＋
	熱溶着	バーシール・インパクトシール	＋＋	＋＋	＋＋	＋＋	＋＋
		突き合せ溶着	＋＋	＋＋	＋＋	＋＋	＋＋
		超音波溶着	＋＋	＋＋	＋＋	＋＋	＋＋
		スピン溶着・振動溶着	＋＋	＋＋	＋＋	＋＋	＋＋
		レーザー溶着	＋＋	＋＋	＋＋	＋＋	＋＋
	ホットスタンピング		＋＋	＋＋	＋＋	＋＋	＋＋
	真空蒸着・スパッタリング		＋＋	＋＋	＋＋	＋＋	＋＋
密度 ISO 1183 / JIS K 7112			1.04	1.29	1.03	1.06	1.34
機械的性質	引張り強さ	ISO 527 / JIS K 7112 MPa	50	113	37	41	49
	伸び	ISO 527 / JIS K 7112 %					
	曲げ強さ	ISO 178 / JIS K 7171 MPa	72	159	60		71
	曲げ弾性率	ISO 178 / JIS K 7171 GPa	2.5	9.2	1.90	1.09	2.22
	衝撃強さ	シャルピー衝撃強さ(ノッチ付き) kJ/㎡	9.0	5.0	40	320	8
	硬さ	ロックウェル ISO 2039 / JIS K 7202	R113		R90	R86	R100
		ジュロメーター ISO 868 / JIS K 7215					
熱的性質	結晶融点 ℃						
	荷重たわみ温度 ISO 75 / JIS K 7191	(0.45MPa) ℃					
		(1.8MPa) ℃	77			88	77
	線膨張係数 ISO 11359 10^{-5}/K			102	74	78	77
電気的性質	耐電圧 IEC 60243-1 / JIS C 2110 kV/㎜						
	耐トラッキング IEC 60112 / JIS C 60112						
	比誘電率 IEC 60250						
その他	透明性		半透明		半透明	半透明	半透明
	吸水率 ISO 62 / JIS K 7209 (24hr) %						

注；全て一般品種のデータ　＋＋適、＋可、－不可
ポリアミド6及び66のロックウェル硬さの項の：の前は絶乾、後は3.3%給水のデータ

プ ラ ス チ ッ ク								
ポリ塩化ビニル		ポ リ ア ミ ド						
硬 質	軟 質	ポリメタクリル酸メチル	ポリアミド6	30%ガラス繊維強化	ポリアミド66	30%ガラス繊維強化	ポリアミド12	ポリアミドMXD 6 30%ガラス繊維強化
PVC－U	PVC－P	PMMA	PA6	PA6－GF30	PA66	PA66－GF30	PA12	PAMXD6
－	－	80	80	80	80	80	80	80
－	－	2～6	8～15	8～15	8～15	8～15	8～15	8～15
160～190	160～190	180～280	230～290	230～290	260～300	265～300	200～270	205～290
10～80	10～80	40～90	40～120	60～120	80～120	80～120	20～100	120～140
0.1～0.5	0.1～0.5	0.1～0.6	0.1～0.4	0.3～0.6	0.7～2.0	0.2～0.6	0.3～1.5	0.3～0.5
+ +	+ +	+ +	+ +	+ +	+ +	+ +	+ +	+ +
+ +	+ +	+ +	+ +	+ +	+ +	+ +	+ +	+ +
+ +	+ +	+ +	+ +	+ +	+ +	+ +	+ +	+ +
+ +	+ +	+ +	+ +	+ +	+ +	+ +	+ +	+ +
+ +	+ +	+ +	+ +	+ +	+ +	+ +	+ +	+ +
+ +	+ +	+ +	+ +	+ +	+ +	+ +	+ +	+ +
+ +	+ +	+ +	+ +	+ +	+ +	+ +	+ +	+ +
+ +	+ +	+ +	+ +	+ +	+ +	+ +	+ +	+ +
+ +	+ +	+ +	+ +	+ +	+ +	+ +	+ +	+ +
		1.19	1.13	1.36	1.14	1.37	1.01	1.46
		71	85：40	1.85：1.15	80：50	190：140	40	180
		5	38：50<	30～40	25：<50	90：30	8	17
		130	120：45	280：145	115：65	290：215		286
		33	3.0：1.0	95：31	0.038：0.014	9.5：6.8		11.6
		21	4：31	18.0：22.5	4.0：23.5	13.0：16.0	5	6.3
		M101	R119：R81	R120	R119：R110	R121	R108	R108
		87	190	224	230	262	120	237
				215		265	90	224
			120	131：137				
		3.7	3.4：4.5	4.0：4.3		114：126		
		透明	半透明		半透明		半透明	

			熱可塑性				
			ポリアセタール				ポリカーボネート
			ホモポリマー	25%ガラス繊維強化	コポリマー	25%ガラス繊維強化	
略語 ISO 1043-1 / JIS 6899-1			POM	POM-GF30	POM	POM-GF30	PC
成形条件	予備乾燥	温度 ℃	−	−	−	−	180
		時間 hr	−	−	−	−	>4
	射出成形	シリンダー温度 ℃	180〜280	180〜280	180〜280	180〜280	270〜300
		金型温度 ℃	60〜120	60〜120	60〜120	60〜120	80〜120
		成形収縮率 %	1.8〜2.2	0.4〜1.2	2〜2.5	0.4	0.5〜0.7
二次加工性	塗装・印刷		+	+	+	+	＋＋
	溶剤接着・接着剤接着		−	−	−	−	＋＋
	熱溶着	バーシール・インパクトシール	＋＋	＋＋	＋＋	＋＋	＋＋
		突き合せ溶着	＋＋	＋＋	＋＋	＋＋	＋＋
		超音波溶着	＋＋	＋＋	＋＋	＋＋	＋＋
		スピン溶着・振動溶着	＋＋	＋＋	＋＋	＋＋	＋＋
		レーザー溶着	＋＋	＋＋	＋＋	＋＋	＋＋
	ホットスタンピング		+	+	+	+	＋＋
	真空蒸着・スパッタリング		−	−	−	−	＋＋
密度 ISO 1183 / JIS K 7112			1.41	1.54	1.41	1.59	1.20
機械的性質	引張り強さ	ISO 527 / JIS K 7112 MPa	72	110	62	135	61
	伸び	ISO 527 / JIS K 7112 %	15	3	>35	28	>50
	曲げ強さ	ISO 178 / JIS K 7171 MPa			87	200	91
	曲げ弾性率	ISO 178 / JIS K 7171 GPa	0.26		0.25	7.9	2.3
	衝撃強さ	シャルピー衝撃強さ(ノッチ付き) kJ/㎡	9	7	6.0	8.0	7.6
	硬さ	ロックウェル ISO 2039 / JIS K 7202					
		ジュロメーター ISO 868 / JIS K 7215					
熱的性質	結晶融点 ℃		163				
	荷重たわみ温度 ISO 75 / JIS K 7191	(0.45MPa) ℃	9.6	175			142
		(1.8MPa) ℃		171	95	142	129
	線膨張係数 ISO 11359 10^{-5}/K						
電気的性質	耐電圧 IEC 60243-1 / JIS C 2110 kV/㎜						
	耐トラッキング IEC 60112 / JIS C 60112						250
	比誘電率 IEC 60250						3
その他	透明性		半透明		半透明		透明
	吸水率 ISO 62 / JIS K 7209 (24hr) %				0.12		

注；全て一般品種のデータ　＋＋適、　＋可、　−不可

プ	ラ	ス	チ	ッ	ク			
	ポリエチレンテレフタレート		ポリブチレンテレフタレート		ポリスチレン変性ポリフェニレンエーテル		ポリアリレート	
30%ガラス繊維強化		30%ガラス繊維強化		30%ガラス繊維強化		30%ガラス繊維強化		30%ガラス繊維強化
PC－GF30	PET	PET－GF30	PBT	PBT－GF30	Mol.PPE	Mol.PPE－GF30	PAR	PAR－GF30
180	120	120	180	180	100	100	120	120
>4	>4	>4	>4	>4	2	2	4～8	8
280～300	265～325	265～325	235～275	235～275	250～300	150～200	215～400	215～400
80～120	20：130～140	60～80	60～80	60～80	40～120	40～120	120～140	120～140
0.1～0.2	2～2.5	0.4	1.4～1.9	0.3～1.0	0.3～0.5	0.2～0.4	0.6～0.8	0.2～0.6
＋＋	＋＋	＋	＋	＋	＋＋	＋＋	＋＋	＋＋
＋＋	＋＋	＋＋	＋＋	＋＋	＋＋	＋＋	＋＋	＋＋
＋＋	＋＋	＋＋	＋＋	＋＋	＋＋	＋＋	＋＋	＋＋
＋＋	＋＋	＋＋	＋＋	＋＋	＋＋	＋＋	＋＋	＋＋
＋＋	＋＋	＋＋	＋＋	＋＋	＋＋	＋＋	＋＋	＋＋
＋＋	＋＋	＋＋	＋＋	＋＋	＋＋	＋＋	＋＋	＋＋
＋＋	＋＋	＋＋	＋＋	＋＋	＋＋	＋＋	＋＋	＋＋
＋＋	＋＋	＋＋	＋＋	＋＋	＋＋	＋＋	＋＋	＋＋
＋＋	＋	＋	＋	＋	＋＋	＋＋	＋＋	＋＋
143	1.06	1.32	1.31	1.53	0.6	1.32	1.21	1.36
105	39	106	60	140	39	106	69	99
20	20	2	>20	2.2	24	2	60	8
160	66	156	89	220	60	156	54	157
7.1	2.32	6.48	2.5	9.09	2.32	6.48	2.4	5.2
12	19	8		10.5	19	8	225	49
							M95：R125	R122
151								
148	94	139			94	139	175	180
			70	213				
178	230		600+		230		130	120
3.2							3.0	3.0
	透明				半透明		透明	

			熱可塑性				
			液晶ポリマー	30%ガラス繊維強化	環状オレフィンコポリマー	ポリスルフォン	ポリエーテルスルフォン
略語 ISO 1043-1 / JIS 6899-1			LCP	LCP-GF30	COC	PSU	PESU
成形条件	予備乾燥	温度 ℃				160	
成形条件	予備乾燥	時間 hr				6	
成形条件	射出成形	シリンダー温度 ℃	250～300	280～320		315～370	320～340
成形条件	射出成形	金型温度 ℃	10～90	120～170		100～150	110～150
成形条件	射出成形	成形収縮率 %	0.1	0～0.6	0.4～0.7	0.7	0.6
二次加工性	塗装・印刷		＋＋	＋＋	－	＋＋	＋＋
二次加工性	溶剤接着・接着剤接着		＋＋	＋＋	－	＋＋	＋＋
二次加工性	熱溶着	バーシール・インパクトシール	＋＋	＋＋	＋	＋＋	＋＋
二次加工性	熱溶着	突き合せ溶着	＋＋	＋＋	＋	＋＋	＋＋
二次加工性	熱溶着	超音波溶着	＋＋	＋＋	＋	＋＋	＋＋
二次加工性	熱溶着	スピン溶着・振動溶着	＋＋	＋＋	＋	＋＋	＋＋
二次加工性	熱溶着	レーザー溶着	＋＋	＋＋	＋	＋＋	＋＋
二次加工性	ホットスタンピング		＋＋	＋＋	＋	＋＋	＋＋
二次加工性	真空蒸着・スパッタリング		＋＋	＋＋	－	＋＋	＋＋
密度 ISO 1183 / JIS K 7112			1.4	1.62	1.02	1.24	1.37
機械的性質	引張り強さ	ISO 527 / JIS K 7112 MPa	176	126	63	70	83
機械的性質	伸び	ISO 527 / JIS K 7112 %	4.4	2.1	4.5	80～100	60～80
機械的性質	曲げ強さ	ISO 178 / JIS K 7171 MPa	137	224		106	111
機械的性質	曲げ弾性率	ISO 178 / JIS K 7171 GPa	0.8	12.4	2.6		2.9
機械的性質	衝撃強さ	シャルピー衝撃強さ(ノッチ付き) kJ/㎡					
機械的性質	硬さ	ロックウェル ISO 2039 / JIS K 7202	R89			R120、M69	R127、M85
機械的性質	硬さ	ジュロメーター ISO 868 / JIS K 7215					
熱的性質	結晶融点 ℃						
熱的性質	荷重たわみ温度 ISO 75 / JIS K 7191	(0.45MPa) ℃	210		75		
熱的性質	荷重たわみ温度 ISO 75 / JIS K 7191	(1.8MPa) ℃	170	260	68	174	204
熱的性質	線膨張係数 ISO 11359 10^{-5}/K						
電気的性質	耐電圧 IEC 60243-1 / JIS C 2110 kV/㎜						
電気的性質	耐トラッキング IEC 60112 / JIS C 60112				>600	122	3.5
電気的性質	比誘電率 IEC 60250					310	
その他	透明性				透明	透明	
その他	吸水率 ISO 62 / JIS K 7209 (24hr) %						

注；全て一般品種のデータ ＋＋適、 ＋可、 －不可

プラスチック							
			ふっ素樹脂				
ポリ エーテル エーテル ケトン	ポリ エーテル イミド	アセチル セルロース 可塑剤28％	ポリ テトラ フルオロ エチレン	パーフルオロ (エチレン－ プロピレン) コポリマー	パーフルオロ アルカン ポリマー	エチレン－ テトラ フルオロ エチレン コポリマー	ポリ ふっ化 ビニリデン
PEEK	PEI	CA	PTFE	PEP	PFA	ETFE	PVDF
		80					
		2～4					
350～460	340～400	190～260		300～400	350～360	290～340	140～280
130～170	80～175	40～80			65～230	60～120	
1.1	0.5～0.7	0.7～1.0	3～6	2～3	2～3	2～3	2～3
＋＋	＋＋	＋＋	－	－	－	－	－
＋＋	＋＋	＋＋	－	－	－	－	－
＋＋	＋＋	＋＋	－	－	－	－	－
＋＋	＋＋	＋＋	－	－	－	－	－
＋＋	＋＋	＋＋	－	－	－	－	－
＋＋	＋＋	＋＋	－	－	－	－	－
＋＋	＋＋	＋＋	－	－	－	－	－
＋＋	＋＋	＋＋	－	－	－	－	－
＋＋	＋＋	＋＋	－		2.15	17	
1.32	1.27	1.27			21.6	48	
97	104.9	410			300	410	
>60	60	28				25	
170	163.8	410			0.65	0.91	
42	3.43	0.02					
R126	M109	R77					
	210	66				95	
152	200					67	
	315					2.6	

			熱可塑性				
			スチレン系			ポリブタジエン	オレフィン系
			スチレンブタジエン系	スチレンイソプレン系	水素添加		
略語 ISO 1043-1 / JIS 6899-1							TPO
成形条件	予備乾燥	温度 ℃					
		時間 hr					
	射出成形	シリンダー温度 ℃	165～205	165～280			180～230
		金型温度 ℃					10～80
		成形収縮率 %					0.13～0.5
二次加工性	塗装・印刷		+	+	+	+	−
	溶剤接着・接着剤接着		+	+	+	+	−
	熱溶着	バーシール・インパクトシール	+	+	+	+	−
		突き合せ溶着	+	+	+	+	−
		超音波溶着	+	+	+	+	−
		スピン溶着・振動溶着	+	+	+	+	−
		レーザー溶着	+	+	+	+	−
	ホットスタンピング		+	+	+	+	−
	真空蒸着・スパッタリング						
密度 ISO 1183 / JIS K 7112			0.95	0.92	0.89	0.90～0.91	0.83
機械的性質	引張り強さ	ISO 527 / JIS K 7112 MPa	275	294	8～10	0.5～1.5	3.6～1.5
	伸び	ISO 527 / JIS K 7112 %	800	1300	1000～1300	675～725	350～650
	曲げ強さ	ISO 178 / JIS K 7171 MPa					
	曲げ弾性率	ISO 178 / JIS K 7171 GPa					0.4～0.5
	衝撃強さ	シャルピー衝撃強さ(ノッチ付き) kJ/㎡					
	硬さ	ロックウェル ISO 2039 / JIS K 7202					
		ジュロメーター ISO 868 / JIS K 7215	A87	A32～37	A41～42	A79～97	A50～90
熱的性質	結晶融点 ℃						
	荷重たわみ温度 ISO 75 / JIS K 7191	(0.45MPa) ℃					57～94
		(1.8MPa) ℃					
	線膨張係数 ISO 11359 10^{-5}/K						
電気的性質	耐電圧 IEC 60243-1 / JIS C 2110 kV/mm						
	耐トラッキング IEC 60112 / JIS C 60112						
	比誘電率 IEC 60250					2.6	2.6
その他	透明性						
	吸水率 ISO 62 / JIS K 7209 (24hr) %						

注；全て一般品種のデータ ＋＋適、 ＋可、 −不可

	エラストマー			
	アミド系	エステル系	熱可塑性ポリウレタン	熱可塑性ゴム架橋体
			TPU	TPV
	180～240		175～225	
	2～2.6		0.8～1.5	
	+	+	+	+
	+	+	+	+
	+	+	+	+
	+	+	+	+
	+	+	+	+
	+	+	+	+
	+	+	+	+
	+	+	+	+
	1.01	1.18	1.10～1.20	0.98～0.95
		15.4	34～47	10.3～18.5
		26	400～550	95～130
		10.1	3.0～8.5	120～550
		0.2		
		NB		
	R50～72	R28～		
			A81～95	A55～90
		82		
	55～100	81～129	＜70	
	84			

		熱硬化性				
		フェノール樹脂		ユリア樹脂 セルロース 充填	メラミン フェノール 樹脂 セルロース 充填	エポキシ 樹脂 鉱物充填
		木扮充填	ガラス充填			
略語 ISO 1043-1 / JIS 6899-1		PF	PF	UF	MF	EP
成形条件	金型温度 温圧縮成形 ℃	140～145	150～195	150～145	145～195	125～170
	金型温度 トランスファー成形 ℃	140～145	150～195	150～200	140～190	190～200
	金型温度 射出成形 ℃	105～200	145～180	145～190	145～190	
	成形圧力 MPa	15～150	145～150	150～150	15～150	0～150
	成形収縮率 %	0.4～0.8	0.5～1.1	0.5～1.5	0.5～1.5	0.5～1.5
二次加工性	塗装・印刷	＋＋	＋＋	＋＋	＋＋	＋＋
	接着剤接着	＋＋	＋＋	＋＋	＋＋	＋＋
	ホットスタンピング	＋＋	＋＋	＋＋	＋＋	＋＋
	真空蒸着	＋＋	＋＋	＋＋	＋＋	＋＋
	スパッタリング	＋＋	＋＋	＋＋	＋＋	＋＋
密度 ISO 1183 / JIS K 7112		1.25～1.45	1.80～1.90	1.45～1.55	1.40～1.50	1.8～1.85
機械的性質	引張り強さ ISO 527 / JIS K 7112 MPa	50～70	70～120	55～85	60～100	60～100
	伸び ISO 527 / JIS K 7112 %					
	曲げ強さ ISO 178 / JIS K 7171 MPa	90～120	150～220	90～120	95～150	95～150
	曲げ弾性率 ISO 178 / JIS K 7171 GPa					
	衝撃強さ シャルピー衝撃強さ(ノッチ付き) kJ/㎡	2.0～2.8	3.5～5.5	2.3～4.0	2.0～4.5	2.0～4.5
	硬さ ロックウェル ISO 2039 / JIS K 7202	M100～120	M100～120	M100～120		
	硬さ ジュロメーター ISO 868 / JIS K 7215					
熱的性質	荷重たわみ温度 ISO 75 / JIS K 7191 (0.45MPa) ℃	140～190	180～210	110～140	180～220	180～220
	荷重たわみ温度 ISO 75 / JIS K 7191 (1.8MPa) ℃	140～190	180～210	110～140	180～220	180～220
	線膨張係数 ISO 11359 10^{-5}/K					
電気的性質	耐電圧 IEC 60243-1 / JIS C 2110 kV/㎜					
	耐トラッキング IEC 60112 / JIS C 60112					
	比誘電率 IEC 60250					
その他	透明性					
	吸水率 ISO 62 / JIS K 7209 (24hr) %					

注；全て一般品種のデータ　＋＋適、　＋可、　－不可

プ　ラ　ス　チ　ッ　ク			
ポリジアリルフタレート樹脂	不飽和ポリエステル樹脂		けい素樹脂
	シート状成形材料	バルク状成形材料	
PDAP	SMC	BMC	SI
145～180	150～195	150～195	175
145～180	150～190	150～195	175
		150～180	175
0.1～0.5	0～0.2	0～0.2	
＋＋	＋＋	＋＋	
＋＋	＋＋	＋＋	
＋＋	＋＋	＋＋	
＋＋	＋＋	＋＋	
＋＋	＋＋	＋＋	
1.60～1.80	2.10～2.15	2.10～2.15	
49～59	29～39	29～39	
98～118	118～127	118～127	
	137～157	137～157	
2.9～3.9	19.6～44.5	19.6～44.5	
	M95～145	M95～145	
180			

おもなプラスチック用語の解説

アイソタクチックポリマー
立体的に規則的な構造を持つポリマーの一つで、結晶し易い性質がある。

圧縮強さ
圧縮する荷重で破壊する時の最大荷重をもとの面積で割った値。

圧縮比
スクリューの供給部の一つのねじ溝の空間容積（V2）と計量部の一つのねじ溝の空間容積（V1）の比（V2／V1）のこと。

アニーリング
熱や機械的な応力でできた内部ひずみを適当な温度に保つことでひずみを除く操作のこと。

あわ
プラスチック製品の内部の空所としてできる欠陥のこと、すともいう。

アンギュラーピン
金型の開閉に伴い、サイドコアを移動させるため、金型の移動方向に対して所定の角度をもってはめ込まれたピンのこと。

アンダーカット
金型から成形品を取り出す際に、成形品を変形させるか、特殊な金型構造を使わなければ金型から抜けない成形品の部分のこと。

安定剤
プラスチック加工時の劣化または使用時の劣化を防止するための物質のこと。

移行
プラスチックからこれに接触する物質に可塑剤などが拡散、浸透する現象のこと。

一次マイクロプラスチック
米粒状の原料や製造時点で5ミリ以下のプラスチックのことです。

インサート
成形時または成形後、成形品に埋め込まれる金属などの部品またはその操作のこと。

インフレーションフィルム
押出機でダイからチューブを押し出し、この中に空気を吹き込んで、ふくらませて作ったフィルムのこと。

応力き裂
特別の環境に置いたとき、破壊強さよりも小さな応力で材料にできるき裂のこと。ストレスクラッキングとも言う。

折り径
インフレーションフィルムを円筒状のまま折りたたんだ時の幅のこと。

回転成形
粉末状や小粒状やペースト状の材料を使い、これを分割できる金型に入れ、金型を熱しながら回転することによって中空の成形品を作る方法のこと。

ガイドピン
金型の雌型と雄型の位置を正しい位置に定めるため等に用いられるピンのこと。

架橋
鎖状ポリマーの分子の間に共有結合による橋かけを作ること。架橋の密度が大となるとポリマーは溶剤に不溶となり、溶融しなくなる。

荷重たわみ温度
一定の荷重のもとで一定の変形を生ずる温度で、プラスチックの耐熱性を見る尺度の一つの温度のこと。もとは熱変形温度と言われていたが、間違った解釈が行われ易いため改められた。

ガス抜き
1．圧縮成形で成形のごく始めに金型を短時間開いて、水分等を抜く操作のこと。
2．射出成形で金型内の空気等を抜く溝等のこと。

可塑化
1．熱可塑性プラスチックを加熱して軟らかくすること。
2．熱可塑性プラスチックに可塑剤を加えて軟らかくすること。

可塑剤
熱可塑性プラスチックに混ぜて軟らかくするために加える液体か固体の物質のこと。

型締力
1．金型に充てんされた溶けたプラスチックの圧力に対抗して、金型を閉じておくためにかける力のこと。
2．射出成形機、圧縮成形機などで、金型を閉じることのできる最大の力のこと。これ等の機械では最大型締力で能力を表わす。

可動盤
成形機の型締機構の一部で、開閉運動をする側の型板のこと。

カレンダー
多数個のロールを配置した圧延機械のこと。

気泡
1．プラスチックフォームを形作っている気泡構造の単位のこと。
2．成形品の中にできるす（空洞）のこと。

キャストフィルム
1．押出機でダイから膜状に押し出し、回転するロール上に流して作ったフィルムのこと。
2．溶剤に溶かした膜状の熱可塑性プラスチック溶液から溶剤を揮散させて作ったフィルムのこと。

キャビティ
金型の雌型と雄型によってできる空間のこと。

強化プラスチック
繊維状強化材を加えたプラスチックのこと。プラスチックが熱硬化性プラスチックの時はFRP、熱可塑性プラスチックのときはFRTPと言う。

グラフトポリマー
共重合体の一つで、単独重合体に他の種類のモノマー（単量体）を加えて重合してできたもののこと。

クリープ
材料に力がかかったときに生ずるひずみのうちで、時間とともに変る部分のこと。

ゲート
溶けたプラスチックがキャビティに入る湯口のこと。

コア
成形品の内面を形成する部分のこと。

合成樹脂
合成によって作られた高分子物質のこと。

固定盤
成形機の型締機構の一部で開閉運動をしない側の型盤のこと。

コポリマー
２種類以上のモノマー（単量体）を混合することを共重合と言い、この反応でできたものをコポリマーと言う。共重合体とも言う。

コンパウンド
プラスチックに可塑剤、充てん材、着色剤、安定剤等を加えて混ぜ、そのままで加工に使えるようにした材料のこと。

サイドコア
射出成形、圧縮成形等の金型でアンダーカット部を成形するためのコアのこと。

酸素指数
プラスチックの燃え易さを測る方法の一つのこと。雰囲気を窒素と酸素の混合物とした時、自分で燃え続けられる時の最低の酸素の容量を％で表したもののこと。

自己消火性
炎に接すると燃えるが炎を取り去ると自然に消える性質のこと。自消性と略す。

シート
プラスチックの薄い板のこと。普通厚さ0.25㎜以上のものを指す。

重合
高分子を生成する反応のこと。

重合度
ポリマーを構成している基本単位の数のこと。

衝撃値
成形材料の衝撃に対する抵抗を表わす値のこと。

ショット
射出成形でシリンダー内の溶けた成形材料を金型内に射出することを指す。一回での最大のショット量を射出容量と言う。

真空成形
雌型か雄型の一方だけを使うシートかフィルムの成形法の一つで、真空を用いるもの。

新3K

3Kはネガティブな言葉ですが、その3Kの対義語です。仕事場がキレイ(Kirei)、快適(Kaiteki)、輝ける(Kagayakeru)職場で、これからの工場に必要なことと言われています。頭文字をとって新3Kとしていますが、その他、活躍できる、活気がある、格好が良い、極められる、希望がある、など、ポジティブな言葉を使っています。

す

成形品の中にできる穴のこと。

ストリッパープレート

金型の構造の一部で、成形品の突出しに使う成形品のふちを突き出すための板のこと。

スパイダー

押出ダイの中で中子を支える支持用の脚のこと。これによって押出品に出るすじのことをスパイダーマークという。

スプルー

射出成形などでノズルからランナーまたはゲートまで溶けた成形材料を移送するための径路のこと。

スプレーアップ法

強化プラスチックの加工方法の一つで、スプレーガンを使って型の上に樹脂とガラス繊維を吹き付けて成形する方法のこと。

スラッシュ成形

プラスチゾルを金型に注いだのち、金型を加熱し、金型の内部のゾルを固めて成形品を作る方法のこと。

ぜい化温度

プラスチックの低温での力学的性質を予見するための試験で、低温衝撃試験によって試験片が破壊する最も高い温度のこと。

成形収縮率

金型の寸法を$\ell 1$、成形品の寸法を$\ell 2$としたときの成形収縮率は($\ell 1-\ell 2$)／$\ell 1$である。%または1000分のいくつと表わす。

積層成形

重ね合わせた成形材料を加圧、加熱等で目的とした形に一体化する成形方法のこと。

繊維強化プラスチック

繊維状強化材により強化したプラスチック。熱可塑性プラスチックを強化したものをFRTP、熱硬化性プラスチックを強化したものをFRPと言う。また、ガラス繊維を強化材に使用したものをGFRTPまたはGFRP、炭素繊維を強化材に使用したものをCFRTPまたはCFRPと言う。

塑性変形

固体の物質に力を加えて変形させたのち、応力を除いてももとの形に戻らない変形の部分のこと。

ダイスエル
押出加工でダイから押し出された成形材料がダイの口の寸法より大きくなること。

タイバー
射出成形機、圧縮成形機等でダイプレートを支え、金型の開閉を案内する支柱あるいは棒のこと。

弾性変形
固体の物質に力を加えて変形させたときの全変形のうち、力を除くと直ちに復元する部分のこと。

投影面積
成形品を金型の移動方向に直角な面に投影したときの面積のこと。成形に必要な成形機の型締力を計算する基礎になる。

ドライブレンド
熱可塑性プラスチックを粉状のコンパウンドにする操作、または粉状のコンパウンドのこと。

トランスファー成形
加熱室に成形材料を入れて溶かし、金型のキャビティに移送して成形する成形方法のこと。

ドローダウン
押出ブロー成形でパリソンが自重で引き伸ばされること。

二次マイクロプラスチック
プラスチック製品が自然環境に出て紫外線劣化や壊れたり外的要因で5ミリ以下のプラスチックのことです。

抜きこう配
金型からの抜けを良くするため、成形品および金型に付けるこう配のこと。

熱可塑性エラストマー
熱して溶かすと熱可塑性プラスチックの性質を示し、冷やして固化するとゴム状弾性を示す物質。

熱成形
フィルム、シートを加熱して形付ける成形法のこと。真空成形はこの方法の一つである。

熱変形温度
荷重たわみ温度のこと。誤りを生じ易いので名称が改められている。

粘弾性
粘性と弾性を共に有しているような性質で、高分子物質の特長の一つである。

ノズル
射出成形機のシリンダーの先につける口金のこと。

ノッチ効果
角の鋭い溝がある成形品に応力をかけると応力が集中して強さが低下する現象のこと。

背圧
押出機か射出成形機のシリンダー出口側の溶けた材料にスクリュー回転中にかける圧力のこと。スクリュー背圧と言うこともある。

パージ
射出成形、押出加工などで機械の中にある材料を成形操作により取り除くこと。

パーティングライン
金型の雌型と雄型の分割面のこと。ＰＬと略す。

バリ
成形材料が金型のすき間に流れ出して固まった成形についた余計な部分のこと。

パリソン
ブロー成形でふくらませる前の筒状の熱可塑性プラスチックのこと。

パリソンスエル
押出ブロー成形でパリソンがダイから押し出されたとき、口金の寸法より大きくなること。

ハンドレイアップ法
強化プラスチックの成形方法の一つ。補強材を樹脂で含浸させたものを必要な厚さに手作業で重ねて成形品を作る方法のこと。

ひけ
成形品の厚い部分の表面にくぼみが出る現象のこと。

引っ張り強さ
引っ張り荷重によって破断するまでの最大応力をもとの面積で割った値のこと。

冷しジグ
寸法を正しくするため、成形品をはめこんで冷却するジグのこと。

フィラメントワインディング
強化プラスチックの成形方法の一つで、樹脂をしみ込ませたロービングを連続的に中子などに巻き付けて円筒状等の成形品を一体成形する方法のこと。

フィルム
薄いプラスチックの膜のこと。普通、厚さ0.25㎜未満のものを指す。

ふくれ
熱硬化性プラスチックの成形品の表面にできる水泡状の欠陥のこと。

ブリッジング
ホッパーの下の出口の附近で成形材料が橋かけして、下に落ちなくなる現象のこと。

ブリード
着色剤などが製品の表面にしみ出すこと。

ブルーイング
黄色味を帯びたプラスチックに僅かな量の青色の着色剤を混合わせて、無色か白色に近づけること。

ブルーミング
製品の表面に安定剤などが粉状に吹き出ること。

ブレーカープレート
押出機のスクリューの先に取付けられた穴のあいた円板のことで、シリンダー内の背圧を高め、金網を支えるためのもの。
プレミックス
熱硬化性プラスチック成形材料の一つで、樹脂に触媒やガラス繊維などを混合わせたもののこと。
ブレンダー
原料と副材料とを均一に混合する機械のこと。
ブロー成形
金型の中でパリソンを空気圧でふくらませて中空の成形品を作る方法のこと。
フローマーク
金型のキャビティ内での流れのあとが成形品の面に残って、外観上の欠点となる模様のこと。
ペーストレジン
ポリ塩化ビニルの一種で、可塑剤を混ぜると常温では可塑剤を吸い難いため、糊状になるもののこと。ペーストレジンに可塑剤を加えたものをプラスチゾル、さらにこれにき釈剤を加えたものをオルガノゾルと言う。
ペレタイザー
ペレットを作る機械のこと。
ペレット
円柱、ごいし、球または角柱形をした粒状の成形材料のこと。
ベント
1．押出機または射出成形機のシリンダーの中間で水分や揮発分を抜くためにシリンダーにあけた穴のこと。
2．成形用金型でキャビティ内の空気や揮発分を抜くための溝などのこと。
ボイド
成形品の内部にできた空洞のこと。すとも言う。
ホットスタンプ
金属を蒸着し、または着色剤を塗布したフィルム（ホットスタンプ箔と言う）を加熱して、加圧により文字や模様を成形品などに転写すること。
ポットライフ
室温で固まる熱硬化性プラスチックに硬化剤を加えたものが、粘度が高くなって使えなくなるまでの時間のこと。
ホッパー
成形機などに成形材料を供給するための普通円すい形をした容器のこと。
ホッパードライヤー
加熱乾燥装置のついたホッパーのこと。
ホッパーローダー
成形材料をホッパーに送り込む装置のこと。
ポリオレフィン
オレフィン類の重合体のことであるが、普通はポリエチレンとポリプロピレンの２種を一緒にしたときにこのように呼ぶ。

マイクロプラスチック

一般に5ミリ以下のプラスチックのこと。明確な定義とはなっていません。マイクロプラスチックには一次マイクロプラスチック、二次マイクロプラスチックに分けられます。

マイクロビーズ

一般に0.5ミリ以下の微細なプラスチックのこと。明確な定義とはなっていません。

マッチドダイ成形法

強化プラスチックの成形方法の一つで、圧縮成形と近似した方法のこと。

マンドレル

中子のこと。

メルトフローレート

一定の温度と圧力のもとで、規定の直径と長さのオリフィスから規定の時間内に押出される熱可塑性プラスチックの質量のこと。メルトフローインデックス、あるいはメルトインデックスとも言われていた。MFRと略す。

予備乾燥

吸湿性のある成形材料から水分等を取り除くための操作のこと。

ランナー

射出成形品やトランスファー成形品等のスプルーとゲートとの間の部分のこと。

離型剤

成形品が金型に粘着することを防止するための薬品のこと。

レザー

本来の英語の意味は皮革であるが、基布の片面か両面にプラスチックを被覆したものをレザーと言う。さらに皮革に似させたものを合成皮革と言う。

劣化

製品が熱や光によって物性が変化して、悪くなること。

ロケートリング

射出成形用金型の一部で、射出成形機のノズルに金型が正確に当たるようにするリングのこと。

2軸延伸

シート、フィルム、ブロー成形品などを縦、横の２方向に引伸ばして製品の物理的性質を向上させる方法のこと。

3K

仕事の内容がきつい（Kitsui）、汚い（Kitanai）、危険（Kiken）な職場のことです。頭文字をとって3Kとしているが、その他に職種によって給料が安い、格好が悪い、帰れない、休暇が少ない、きつい、暗い、と、ネガティブな言葉を使う場合が多いです。

3R

リデュース、リユース、リサイクルの頭文字をとって3Rとしています。リデュースは減らすことで、ごみを減らしたり、使用を減らすこと。リユースは再利用のことで、使い捨てをせず、繰り返し何回も使うこと。リサイクルは再生利用のことで、使い終わった製品を再び資源として利用すること。

4R

3Rに加え、リフューズはごみの発生源になるものをもらったり、使わないことです。リフューズ、リデュース、リユース、リサイクルの頭文字をとって4Rとしています。

BMC

プレミックスの一種で、塊状の成形材料のこと。

FRTP

繊維強化熱可塑性プラスチックのこと。

FRP

繊維強化プラスチックのこと。普通、繊維強化不飽和ポリエステルの意味として使う。

L／D

押出機や射出成形機のスクリューの有効長さ（L）を直径（D）で割った値のこと。

L／t

射出成形を行ったとき、材料が流れた長さ（L）を金型のキャビティの厚さ（t）で割った値のこと。

PL

金型の雌型と雄型との分割面のこと。

RIM

反応射出成形の略。２種以上の材料を混ぜて金型に射出し、化学反応を起させて成形品を作る方法のこと。

SDGs（エスディージーズ）

持続可能な開発目標のことで2015年9月の国連サミットで採択された「持続可能な開発のための2030アジェンダ（行動計画）」に記載された2016年から2030年までの国際目標です。持続可能な世界を実現するための17のゴール・169のターゲットから構成されています。

SMC

プレミックスの１種で、シート状の成形材料のこと。

Tダイ法

押出機に細いすき間のあるダイをつけて押し出し、冷やしてシートやフィルムを作るためのキャスト法の１種。

おもなプラスチック材料メーカー

（平成28年時点での情報）

低密度ポリエチレン【PE-LD、PE-LLD】

旭化成ケミカルズ
宇部丸善ポリエチレン
住友化学
東ソー
日本エボリュー
日本ポリエチレン
日本ユニカー
プライムポリマー
三井・デュポンポリケミカル

高密度ポリエチレン【PE-HD】

旭化成ケミカルズ
JNC石油化学
東ソー
日本ポリエチレン
日本ユニカー
プライムポリマー
丸善石油化学
三井化学

超高分子量ポリエチレン【PE-UHMW】

三井化学

塩素化ポリエチレン【PE-C】

ダイソー
日本ポリエチレン

アイオノマー

三井・デュポンポリケミカル

ポリメチルペンテン【PMP】

三井化学

エチレン・酢酸ビニルプラスチック【EVAC】

旭化成ケミカルズ
宇部興産
住友化学
住友精化
東ソー
日本合成化学工業
日本ポリエチレン
日本ユニカー
三井・デュポンポリケミカル

エチレン－酢酸ビニル－塩化ビニルプラスチック【EVACVC】

住友化学
徳山積水工業
日本合成化学工業
日本ゼオン

エチレン－ビニルアルコールプラスチック【EVOH】

クラレ
日本合成化学工業

ポリプロピレン【PP】

サンアロマー
住友化学工業
徳山ポリプロ
日本ポリプロ
プライムポリマー

ポリスチレン【PS】

DIC
東洋スチレン
PSジャパン

発泡ポリスチレン【PS-E】

旭化成ケミカルズ
カネカ
ジェイエスピー
積水化成品工業
三菱化学フォームプラスチック

スチレン―アクリロニトリルプラスチック【SAN】

旭化成ケミカルズ
新日鐵化学
ダイセルポリマー
テクノポリマー
東洋スチレン
東レ
日本エイアンドエル

アクリロニトリル―ブタジエン―スチレンプラスチック【ABS】

旭化成ケミカルズ
ダイセルポリマー
テクノポリマー
電気化学工業
東レ
日本エイアンドエル
UMG・ABS

ポリ塩化ビニル【PVC】

カネカ
信越化学工業
新第一塩ビ
大洋塩ビ
東亞合成
東ソー
徳山積水工業

ポリ酢酸ビニル【PVAC】

カネボウ NNC
クラレ
積水化学工業
電気化学工業

ポリビニルアルコール【PVAL】

クラレ
信越化学工業
電気化学工業
日本合成化学工業

ポリビニルブチラール【PVB】

積水化学工業
電気化学工業

ポリビニルホルマール【PVFM】

JNC 石油化学
電気化学工業

ポリ塩化ビニリデン【PVDC】

旭化成ケミカルズ
クレハ

酢酸セルロース【CA】

ダイセル
帝人

ポリアミド(ナイロン)【PA】

(PA6、11、12、46、66、610、612、MXD6等を含む)
旭化成ケミカルズ
アルケマ
宇部興産
エムスケミージャパン
クラレ
住友ベークライト
ダイセル・エボニック
DIC
DSM ジャパン
デュポン
東洋紡績
東レ
バイエル
BASF ジャパン
ポリプラスチックス
三井化学
三井・デュポンポリケミカル

三菱エンジニアリング
　プラスチックス
ランクセス
ユニチカ

ポリメタクリル酸メチル【PMMA】

旭化成ケミカルズ
クラレ
住友化学
三菱レイヨン

メタクリル酸メチル－スチレンプラスチック【MS】

ダイセルポリマー
DIC
電気化学工業
日本エーアンドエル

ポリオキシメチレン（ポリアセタール）【POM】

旭化成ケミカルズ
デュポン
BASF ジャパン
ポリプラスチックス
三菱エンジニアリング
　プラスチックス

ポリカーボネート【PC】

出光興産
サビックイノベーティ
　ブプラスチックス
住友スタイロンポリ
　カーボネート
帝人
バイエルジャパン
三菱エンジニアリング
　プラスチックス
三菱化学

ポリエチレンテレフタレート及びガラス強化品【PET及びGFRPET】

旭化成ケミカルズ
出光興産
ウインテックポリマー
カネカ
クラレ
帝人
東洋紡績
日本ユニペット
三井・デュポンポリケ
　ミカル
三井ペット樹脂
三菱エンジニアリング
　プラスチックス
三菱レイヨン
ユニチカ

ポリブチレンテレフタレート【PBT】

ウインテックポリマー
デュポン
東レ
サビックイノベーティ
　ブプラスチックス
BASF ジャパン
三菱エンジニアリング
　プラスチックス
三菱化学
三菱レイヨン
ランクセス

ポリエチレンナフタレート【PEN】

デュポン
帝人
東レ

ポリフェニレンエーテル【PPE】及び【m-PPE】

旭化成ケミカルズ
サビックイノベーティ
　ブプラスチックス
三菱エンジニアリング
　プラスチックス

ポリフェニレンスルフィド【PPS】

出光興産
クレハ
シェブロンフィリップス
住友ベークライト

DIC
東レ
東洋紡績
サビックイノベーティブプラスチックス
ポリプラスチックス

ポリスルホン【PSU】

ソルベイADポリマーズ
BASFジャパン

ポリエーテルスルホン【PESU】

住友化学
住友ベークライト
ソルベイADポリマーズ
BASFジャパン

ポリエーテルエーテルケトン【PEEK】

ソルベイADポリマーズ
ダイセル・エボニック
ビクトレックス・ジャパン

ポリアリレート【PAR】

ユニチカ

ふっ素樹脂

旭硝子
クレハ
セントラル硝子
ダイキン工業
三井・デュポンフロロケミカル

熱可塑性ポリウレタン【TPU】

協和発酵
クラレ
住友バイエルウレタン
大日精化工業
DICバイエルポリマー
ダウケミカル日本
日清紡
日本ポリウレタン
日本ミラクトラン
BASFジャパン

熱可塑性エラストマー【TPE】

(スチレン系) TPS
旭化成ケミカルズ
アロン化成
クラレ
クレイトンポリマージャパン
JSR
ジャパンケミテック
住友化学
日本ゼオン
三菱化学
リケンテクノス

(オレフィン系) TPO
旭化成ケミカルズ
エー・イー・エスジャパン
JSR
JX日鉱日石エネルギー
住友化学
デュポン・ダウ・エラストマージャパン
東洋紡
トクヤマ
日本ポリオレフィン
プライムポリマー
三井化学
三菱化学
三菱樹脂
リケンテクノス

(塩化ビニル系) TPVC
カネカ
JNC石油化学
信越ポリマー
昭和化成工業
住友ベークライト
積水化学工業
電気化学工業
東亞合成
ゼオン化成
プラステク
三菱樹脂
リケンテクノス

(ウレタン系) TPU
旭硝子
クラレ
住友バイエルウレタン
住友ベークライト
大日精化工業

DICバイエルポリマー
東洋紡績
日清紡
日本ポリウレタン工業
日本ミラクトラン
日本メクトロン
BASFジャパン
三井日曹ウレタン
(ポリエステル系) TPS
積水化学工業
DIC
帝人
デュポン
東洋紡績
サビックイノベーティブプラスチックス
三菱化学
(ニトリル系) TPN
住友ベークライト
ゼオン化成
帝人
電気化学工業
三菱化学
三菱樹脂
(ポリアミド系) TPA
宇部興産
エムス昭和電工
ダイセル・エボニック
DIC
東レ
三菱化学
(ふっ素樹脂系)
ダイキン工業
セントラル硝子
(ポリウレタン/ポリ塩化ビニル系)
旭硝子
カネカ
信越ポリマー
大日精化工業
東亞合成
東ソー
プラステク
三菱樹脂
(塩素化ポリエチレン系)
ダイソー
ダウケミカルジャパン
日本ポリオレフィン
(塩素化エチレンコポリマーアロイ系)
三井・デュポンポリケミカル
(1, 2ポリブタジエン系)
JSR
(イソプレン系)
クラレ
(シリコーンプラスチック系)
日本ユニカー
ダウケミカルジャパン
(イソブチレン系)
カネカ

シクロオレフィンポリマー及びコポリマー【COP及びCOC】

日本ゼオン
ポリプラスチックス
三井化学

液晶ポリマー【LCP】

上野製薬
JX日鉱日石エネルギー
住友化学
セラニーズ・ジャパン
DIC
東レ
ポリプラスチックス
三菱エンジニアリングプラスチックス
ユニチカ

生分解性プラスチック

アイセロ化学
カネボウ合繊
ケミテック
クラレ
クレハ
昭和電工
ダイセル
DIC
ダウケミカル日本
帝人
東洋紡績
トヨタ自動車

日本コーンスターチ
日本合成化学工業
昭和触媒
日本食品化工
BASFジャパン
三井化学
三菱化学
三菱ガス化学
ユニチカ
リケンテクノス

フェノール－ホルムアルデヒド樹脂【PF】

旭有機材工業
オタライト
京セラケミカル
新神戸電機
住友ベークライト
東芝ケミカル
日本合成化工
日立化成工業
フドー
パナソニック
三井化学
明和化成

エポキシ樹脂【EP】

（樹脂）
旭チバ
ジャパン・エポキシレジン
住友化学
DIC
ダウケミカル日本
三井化学
油化シェルエポキシ
（成形材料）
旭電化工業
京セラケミカル
クラスターテクノロジー
阪本薬品工業
昭和電工
信越化学工業
住友ベークライト
東芝ケミカル
東都化成
日東電気工業
日本合成化工
日立化成工業
パナソニック
三菱ガス化学

不飽和ポリエステル【UP】

（樹脂）
旭有機材工業
昭和電工
DIC
武田薬品工業
日本触媒
日立化成工業
パナソニック
三井化学
（成形材料）
旭硝子マテックス
旭有機材工業
京セラケミカル
昭和電工
ジャパンコンポジット
住友ベークライト
ダイヤプリミックス
DIC
東芝ケミカル
日東電工
日本合成化工
日本ユピカ
日立化成工業
フドー
パナソニック
三井化学

ユリア－ホルムアルデヒド樹脂【UF】

大洋化学
台和
日清紡
日本有機化学工業
富士化成
パナソニック

メラミン－ホルムアルデヒド樹脂【MF】

オタライト
揖斐川電気工業
住友ベークライト
大洋化学
台和
日清紡

日本カーバイド工業
日本有機化学工業
日立化成工業
富士化成
フドー
パナソニック

ポリジアリルフタレート【PDAP】

(樹脂)
ダイソー
(成形材料)
旭有機材工業
オタライト
昭和電工
住友ベークライト
日本合成化工
日立化成工業
フドー
パナソニック
明和化成

シリコーン－プラスチック【SI】

JNC石油化学
信越化学工業
東芝シリコーン
東レ・ダウコーニングシリコーン
日本ユニカー

ポリウレタン【PUR】

(イソシアネート)
住友バイエルウレタン
武田薬品工業
チバ･スペシャルティ･ケミカルズ
日本ポリウレタン工業
三井化学
三菱化学ダウ
(ポリオール)
旭オーリン
花王
三洋化成
住友バイエルウレタン
DIC
武田薬品工業
東邦化学
日本ポリウレタン工業
日本油脂
三井化学

ポリイミド【PI】

デュポン
東芝ケミカル
東レ
サビックイノベーティブプラスチックス
日本ポリイミド
三井化学
三菱ガス化学

ポリアミドイミド【PAI】

ソルベイ・アドバンスト・ポリマーズ
東レ
日立化成工業
三井化学
三菱ガス化学

ポリジシクロペンタジエン【PDCPD】

帝人メトン

添加剤

味の素ファインテクノ
コープケミカル
ヤマグチマイカ
レプコ

おもなプラスチック機械メーカーと関連機器メーカー

（平成28年時点での情報）

射出成形機

（熱可塑性及び熱硬化性プラスチック用、ゴム用、合金用、磁性材料用、セラミックス用等を含む）

アーブテクノ
アイオー・エム
川口興産
川口鐵工
キヤノン電子
山城精機製作所
ジュケンマシンワークス
新興セルビック
住友重機械工業
ソディック
ダイハン
高橋精機工業所
田端機械工業
テクマン工業
東芝機械
東洋機械金属
ニイガタマシンテクノ
日精樹脂工業
日本製鋼所
浜技研
菱屋精工
ファナック
ブレンズ
松田製作所
明王化成
名機製作所
メイホー
U&Mプラスチックソリューションズ

押出機

アイ・ケー・ジー
イー・エム技研
池貝
石中鉄工所
いすず化工機
オーエヌ機械
大宮精機
長田製作所
小野製作所
笠松化工研究所
カワタ
栗本鐵工所
神戸製鋼所
コスモテック
サーモ・プラスティックス工業
サン・エンジニアリング
ジー・エム・エンジニアリング
シーティーイー
住友重機械モダン
第一サービス
ダイハン
竹野鉄工所
田辺プラスチックス機械
田端機械工業
テクノベル
東芝機械
トミー機械工業
日本製鋼所
日本プラコン
日本油機
ハギノ機工
聖製作所
日立造船
プラ技研
プラコー
プラスチック工学研究所
フリージア・マクロス
星工業
マース精機
三葉製作所
ミツワ製作所
ユニプラス

ブロー成形機

（押出ブロー成形機）

共同工業
ケー・ティー・ケー
鈴木鉄工所
高橋精機工業所
タハラ
中部マシン
津関工業
東京硝子精機
特殊工機
日本製鋼所
プラコー

ブレンズ
ヨーキ産業
（射出ブロー成形機）
住友重機械工業
日精樹脂工業
ブレンズ
（射出延伸ブロー成形機）
青木固研究所
日精エー・エス・ビー機械
（2段式延伸ブロー成形機）
タハラ
日精エー・エス・ビー機械
フロンティア
ブレンズ
ヨーキ産業
料材開発

熱成形機

浅野研究所
関西自動成形機
成光産業
フジタ
布施真空
脇坂エンジニアリング

カレンダー

（その他のロール設備を含む）
IHI
石田鉄工
今中機械工業
大竹機械工業
大阪ロール機械製作所
関西ロール
神戸機械
神戸製鋼所
西村工機
日本製鋼所
日本ロール製造
日立機械エンジニアリング

高発泡ポリスチレン型物成形機

笠原工業
興和製作所
三共
積水工機製作所
ダイセン工業
東洋機械金属

圧縮成形機及びトランスファー成形機

コータキ
神藤金属工業所
東邦マシナリー
日東精機製作所
パナソニック
松田製作所

タブレットマシン

菊水製作所
三陽化学機械製作所
神藤金属工業所

積層プレス

コータキ
神藤金属工業所
名機製作所

FRP プレス

宇部興産機械
川崎油工
栗本鐵工所
コータキ
神藤金属工業所
日東精機製作所
松田製作所

反応射出成形機（RIM）

日本キャノン
ポリウレタンエンジニアリング
MEG－丸加化工機

注入発泡成形機

桜プラント
ジャパンバイキング
東邦機械工業
ポリウレタンエンジニアリング
MEG－丸加化工機

液状樹脂射出成形機（LIM）

アイオー・エム
山城精機製作所

住友重機械工業
ソディック
日精樹脂工業
松田製作所

回転成形機

神戸製鋼所
服部工業

高周波予熱機

島田理化工業
東洋電熱
日本電熱
富士電波工機

高周波溶着機

海上電機
クインライト電子精工
島田理化工業
精電舎電子工業
超音波工業
中尾ミシン
パール工業
富士電波工機
ブラザー工業
山本ビニター

超音波溶着機

オステム
海上電機
コダカ産業
島田理化工業
精電舎電子工業
超音波工業
日本アレックス
日本エマソン
日本ヒューチャア

磨擦溶着機

精電舎電子工業
日本エマソン
ユニテク

ホットスタンピング及びホットマーキング装置

川本屋金属箔粉
北上工業
ジイ・アイ・ティー
ナビタス
東レ・エンジニアリング
村田金箔

蒸着装置

真空器機工業
徳田製作所
日本真空技術

印刷機

(パッド、インクジェット、オフセット、グラビア、レーザー)

オクイ
湖北精工
ジイ・アイ・ティー
ナビタス
日本曲面印刷研究所
ミシマ
ミノグループ
ミマキエンジニアリング
ミューチュアル

ロボット

(取出し、ゲートカット、インサート、アウトサート、組立て、パレタイズ、箱詰め等)

加藤理機製作所
川口興産
川口鐵工
川崎重工業
山城精機製作所
ジュケンマシンワークス
スター精機
セーラー万年筆
ソディック
東芝機械
ニッシン技研
日精樹脂工業
ハーモ
ハマ製作所
ファナック
ベッセル
ぺんてる
マツイ・エス・ディ・アイ
松井製作所
パナソニック
ユーシン精機

ホットランナー装置

青江電気
エスイピ
エビコン
ゴウセイ
十王
新興セルビック
世紀
デンソン
東洋瓦斯機工
日本金型産業
日本ディー・エム・イー
日本ビクター
ハスキーコーポレーション
フィーサ
プラストロン
松井製作所
モールドマスターズ
ユートージャパン

原材料貯蔵装置

(タンク、サイロ、計量、管理、保管システム、立体倉庫等)

エム・エルエンジニアリング
加藤理機製作所
カワタ
クボタ計装
シュトルツ
セムコ
中村科学工業
ホーライ
松井製作所
明和工業

原材料輸送装置

(吸引式、圧送式、コイル式、スクリュー式、ホッパーローダー等)

エム・エルエンジニアリング
加藤理機製作所
カワタ
クボタ計装
高北機工
ジュケンマシンワークス
シュトルツ
シュマルツ
セムコ
タナカ
タマキ
中村科学工業
ハーモ
プラスメート
ホーライ
槙野産業
松井製作所
森田精機工業

原材料混合装置

(タンブラー、ミキサー、ブレンダー等)

愛工舎製作所
エム・エルエンジニアリング
オーエヌ機械
加藤理機製作所
カワタ
クボタ計装
高北機工
シュトルツ
セムコ
ダイコー精機
高木製作所
タナカ
涛和化学
中村科学工業
日本シーム
ホーライ
槙野産業
松井製作所
マルヤス
明和工業

原材料乾燥装置

(熱風式、真空式、脱湿・除湿式等で箱型、ホッパードライヤー等含む)

アイ・ティー・エス・ジャパン
エム・エルエンジニアリング
加藤理機製作所
カワタ
クボタ計装
高北機工
ジュケンマシンワークス
シュトルツ

ステック工業
セムコ
高木産業
タナカ
中村科学工業
ハーモ
富士インダストリーズ
プラスメート
ホーライ
松井製作所

原材料自動計量・混合・供給装置

(重量式、容積式等)
アイオー・エム
石塚機械設計事務所
エム・エルエンジニアリング
加藤理機製作所
川口興産
カワタ
クボタ計装
シュトルツ
進和テック
タマキ
涛和化学
中村科学工業
日本油機
ハーモ
槙野産業
松井製作所
マルヤス

金型温度調節機

(冷却水形、空冷形、高温形、冷却水兼用形等)
インタープラス
エム・エルエンジニアリング
加藤理機製作所
カワタ
関東精機
カンネツ
クボタ計装
高北機工
サン・エンジニアリング
シュトルツ
ステック工業
スター精機
セムコ
タチバナ電熱
ツールハウス
東リツ
中村科学工業
日精樹脂工業
日本金型産業
日本電機ヒーター
ハーモ
ファンクショナル・フルイッド
フィーサ
松井製作所
レイケン

金型ガス抜き装置

システムリソーセズ
新興セルビック
双葉電子工業

金型交換装置

(着脱装置、移動装置、固定装置、反転装置等)
エスアールエンジニアリング
カネテック
川口興産
共和企営
シュマルツ
ダイナテック
デンソン
東芝機械
トミタ
パスカル
日向製作所
ビソ

金型結露防止装置、離型材自動噴霧装置

石塚機械設計事務所
カンネツ

粉砕機、破砕機

（1軸式、2軸式、回転カッター式、ハンマーミル式、ディスクミル、ピンミル、ターボミル等）

アイメックス
氏家製作所
大達精工場
オリエント
加藤理機製作所
カワタ
クボタ
篠田工業
シュトルツ
スター精機
ダイコー精機
タナカ
タニ工業
日本シーム
ハーモ
プラコー
ホーライ
星プラスチック
ホロン精工
槙野産業
松井製作所
御池鉄工所
森田精機工業
渡辺製鋼所

ペレット微粉末除却装置

いすず化工機
エム・エルエンジニアリング
大達精工場
加藤理機製作所
カワタ
クボタ計装
タナカ
中村科学工業
ハーモ
ホーライ
槙野産業
松井製作所
森田精機工業

樹脂異物選別装置

（金属除去装置、マグネットセパレーター）

アコー
エミネット
エム・エルエンジニアリング
加藤理機製作所
クボタ計装
シュトルツ
セムコ
テクマン工業
脇坂エンジニアリング

スプルー・ランナー・リターン装置

（粉砕・破砕、定量混合、供給装置）

エム・エルエンジニアリング
加藤理機製作所
カワタ
クボタ計装
シュトルツ
セムコ
中村科学工業
日本油機
ハーモ
ホーライ
ホロン精工
松井製作所
森田精機工業

スクリュー洗浄剤・洗浄装置

旭化成ケミカルズ
ウシオライティング
三愛エンジニアリング
三晶 MEC
ダイセルポリマー
タイホー工業
田端機械工業
チッソ
日祥
日本エイアンドエル
星プラスチック
ポリコール興業

樹脂圧力・温度センサー

ダイニスコ
日本キスラー
ニレコ

集中監視・管理装置

川口鐵工
山城精機製作所
シグマックス
スター精機
住友重機械工業
網島工業
東芝機械
日精樹脂工業
日本製鋼所
ファナック
ユーシン精機
ムラテックメカトロニクス

造粒装置

いすず化工機
神戸製鋼
田辺プラスチックス機械
テクノベル
日本プラコン
日本油機
日本製鋼所
ホロン精工
マース精機

参 考 図 書

書　　名	著者（編者）	発 行 所
やさしいプラスチック金型	廣恵章利　深沢　勇共著	三光出版社
やさしいプラスチック成形材料	本間精一著	三光出版社
やさしいプラスチック機械と関連機器	飯田　惇	三光出版社
やさしい射出成形／圧縮成形	廣恵章利	三光出版社
やさしいエンジニアリングプラスチック	中野　一	三光出版社
やさしい押出成形	伊藤公正	三光出版社
やさしい押出成形の成形不良対策	伊藤公正	三光出版社
やさしい射出成形機	廣恵章利　飯田　惇 深沢　勇共著	三光出版社
やさしいプラスチック成形品の加飾	中村次雄　大関幸威共著	三光出版社
やさしい射出成形の不良対策	森　　隆	三光出版社
モールダーのためのプラスチック 成形材料	森　　隆	三光出版社
プラスチック成形技能検定の解説 射出成形／圧縮成形編　1，2級編	城戸剛一郎監修 廣恵章利編集	三光出版社
プラスチック成形技能検定 公開試験問題の解説	中野　一	三光出版社
プラスチック入門	伊保内　賢	工業調査会
プラスチック射出成形チェックリスト	青葉　堯	工業調査会
新版プラスチック技術読本	桜内雄二郎	工業調査会
プラスチック材料読本	桜内雄二郎	工業調査会
プラスチック工業辞典	小川　伸	工業調査会
H．ガストロー：射出成形金型	森　　隆（訳）	工業調査会
プラスチック加工の基礎	高分子学会編	工業調査会
プラスチック活用ノート	プラスチック編集部編	工業調査会
プラスチック成形加工とコンピュータ	日本ビニル工業会編	工業調査会
エンジニアリングプラスチック	平井利昌監修	プラスチックス・エージ
プラスチック成形工場の合理化機器	沢田慶司	プラスチックス・エージ
射出成形	瀬戸正二監修	プラスチックス・エージ
押出成形	村上健吉監修	プラスチックス・エージ
実用プラスチック用語辞典	瀬戸正二監修	プラスチックス・エージ

書　　名	著者（編者）	発　行　所
日中英・英日中プラスチック辞典	プラスチックス・エージ編集部編	プラスチックス・エージ
プラスチックスエンサイクロペディア進歩編		プラスチックス・エージ
世界プラスチック商品名大辞典（上巻）	豊島主税監修	プラスチックス・エージ
複合プラスチックの材料設計	由井　浩	プラスチックス・エージ
プラスチック材料講座（全18巻）		日刊工業新聞社
プラスチック物性入門	廣恵章利他	日刊工業新聞社
プラスチック成形品の設計	里見英一	日刊工業新聞社
プラスチックの機械的性質	山口章三郎	日刊工業新聞社
金型工作法・新版	高木六弥	日刊工業新聞社
射出成形用金型	白石順一郎	日刊工業新聞社
プラスチック加工技術便覧	白松豊太郎他編	日刊工業新聞社
強化プラスチックハンドブック	強化プラスチック技術協会編	日刊工業新聞社
プラスチックの滑性と滑剤	本吉正信	日刊工業新聞社
ランナレス金型	村上宗雄	日刊工業新聞社
プラスチック用語辞典	牧・島村・松崎共著	日刊工業新聞社
プラスチック成形加工入門	廣恵・本吉共著	日刊工業新聞社
プラスチックデザインノート	中村次男	日刊工業新聞社
プラスチック成形品の売価算定統一基準	西沢　脩	合成樹脂新聞社
エンジニアリングプラスチック	牧　広・小林力夫	産業図書
プラスチック	井本　稔	岩波書店
高分子工学講座（全19巻）	高分子学会編	地人書館
JISハンドブックプラスチック2004	日本規格協会編	日本規格協会
仕様と寸法図		金型通信社
プラスチック成形技能検定の解説・特級編	全日本プラスチック製品工業連合会編	三光出版社
やさしいプラスチック成形工場の管理技術	臼井一夫著	三光出版社
最新の射出成形技術	廣恵章利他著	三光出版社
モールダーのための射出成形品の設計	森　　隆著	三光出版社

書　　名	著者（編者）	発 行 所
プラスチック成形技能検定 模擬試験問題201問	中野　一著	三光出版社
やさしいプラスチック成形品の品質管理	秋山昭八・深沢勇共著	三光出版社
プラスチック射出成形工場の合理化技術	廣恵章利編	三光出版社
プラスチック射出成形用金型の加工技術	佐々木哲夫他著	三光出版社
やさしいプラスチック製医療器材	日本医療器材工業会編	三光出版社
精密射出成形技術 －電気・電子機器部品編－	青葉　堯著	三光出版社
自動車部品の精密成形技術	青葉　堯著	三光出版社
やさしいブロー成形	浅野協一著	三光出版社
プラスチック成形材料データブック		プラスチックニュース社
やさしいプラスチック配合剤	日本合成樹脂技術協会 監修	三光出版社
プラスチック成形技能検定の解説 ブロー成形１，２級編	全日本プラスチック製品 工業連合会　監修	三光出版社
英語版　初歩のプラスチック	森　　隆著	三光出版社
英語版　やさしい射出成形の不良対策	森　　隆著	三光出版社
英語版　やさしいプラスチック金型	廣恵章利著	三光出版社
やさしいゴム・エラストマー	渡辺　隆・小松公栄共著	三光出版社
英語版　やさしい射出成形	廣恵章利著	三光出版社
英語版　やさしいプラスチック機械と 関連機器	飯田　惇著	三光出版社
英語版　やさしいプラスチック成形材料	本吉正信著	三光出版社
中国語版　初歩のプラスチック	森　　隆著	三光出版社
初歩のプラスチック インターネット活用編	佐藤　功著	三光出版社
高機能樹脂技術資料集 CD-ROM for Windows	全日本プラスチック製品 工業連合会　編	三光出版社
IT革命とプラスチック産業	深沢　勇他著	三光出版社
射出成形機全機種仕様一覧	全日本プラスチック製品 工業連合会　編	三光出版社
知っておきたいエンプラ応用技術	本間精一著	三光出版社
高分子添加剤ハンドブック	春名　徹編著	シーエムシー出版
トコトンやさしい　3Dものづくりの本	柳生浄勲・結石友宏・ 河島　巌共著	日刊工業新聞社

書　名	著者（編者）	発行所
プラスチックスープの海	チャールズ・モア、カッサンドラ・フィリップス共著 海輪由香子訳	NHK 出版
ナショナル　ジオグラフィック日本版 2018 年 6 月号　海を脅かすプラスチック	ナショナル ジオグラフィック編	日経ナショナル ジオグラフィック社
成形女子こはく vol.1　新入社員編	大吉原作 ひのもとめぐる作画	三光出版社
成形女子こはく vol.2　社員・製造現場編	大吉原作 ひのもとめぐる作画	三光出版社
成形女子こはく vol.3 新 3K 職場と金型交換、成形条件出し編	大吉原作 ひのもとめぐる作画	三光出版社
サステナブルな社会の現実とプラスチックの役割		プラスチック・エージ
図解でわかる　14 歳からのプラスチックと環境問題	インフォビジュアル 研究所・著	太田出版
技術大全シリーズ プラスチック材料大全		日刊工業出版社

【日本国内の各種統計、プラスチック業界の各種統計、主な出来事の注意点】と【人口ピラミッドの推移の注意点】は別掲の引用元をご確認ください。

参考ホームページ

環境省
http://www.env.go.jp

日本プラスチック工業連盟
http://www.jpif.gr.jp

一般社団法人プラスチック循環利用協会
https://www.pwmi.or.jp

一般社団法人JEAN（Japan Environmental Action Network）
http://www.jean.jp

著者　飯田　惇（いいだ　あつし）
社団法人日本合成樹脂技術協会　専務理事
日本プラスチック機械工業会　専務理事
おもな著書
　やさしいプラスチック機械と関連機器
　やさしい射出成形機－基本・応用から最近技術まで（共著）
　やさしいブロー成形（共著）
　Plastics Processing Machinery and Affiliated Equipment

編集・著者　山本健太
日本成型産業株式会社　代表取締役
東日本プラスチック成形技能士会　副会長
中央技能検定委員
東京都技能検定委員
職業訓練指導員
特級プラスチック成形技能士

取材協力
日本プラスチック工業連盟
一般社団法人プラスチック循環利用協会
一般社団法人JEAN（Japan Environmental Action Network）

昭和32年8月1日　初版　発行
令和3年12月24日　新版（通算40版）発行

監　修　全日本プラスチック製品工業連合会
著　者　飯　田　　惇
編集・著者　山　本　健　太

初歩のプラスチック 新版

定価：本体1,619円（税別）

発　行　株式会社　三　光　出　版　社
〒223-0064　横浜市港北区下田町4－1－8－102
電話　045-564-1511　FAX　045-564-1520
郵便振替口座　00190－6－163503
http://www.bekkoame.ne.jp/ha/sanko
E－mail：sanko@ha.bekkoame.ne.jp

印刷　株式会社　信英堂　　　製本所　有限会社　若葉製本所

資　料　編

（広　　告）

広告掲載会社一覧

スペース	社　名
表2	東洋機械金属
表3	中村科学工業
表4	ポリプラスチックス
表2対向	住友重機械モダン
序文対向	アーブテクノ
本扉対向	旭化成
本扉裏	トミー機械工業
1（広告第1頁）	ホロン精工
2	PSジャパン
3	二葉産業
4	チバダイス
5	ホーライ
6	曙金網産業
7	田辺プラスチックス機械
8	マース精機

スペース	社　名
9	東京都立中央・城北職業能力開発センター板橋校
10	狭山金型製作所
11	東レエンジニアリング
12	カワタ
13	日精樹脂工業
14	三愛エンジニアリング
15	栗本鐵工所
16	日本プラコン
17	大日精化工業
18	レプコ
19	富士ケミカル
20	ダイセルポリマー
21	シプロ化成／三光出版社
22	三光出版社
23	三光出版社
24（表3対向）	日本成型産業

東京都でプラスチックが学べる学校

東京都立中央・城北職業能力開発センター板橋校
プラスチック成形・デザイン科（６カ月コース）

プラスチック射出成形工場で働ける知識・技能を学べる学校です。

訓練内容：プラスチック成形実習（金型取付や成形条件出しの実習）、
デジタルデザイン活用法(デザイン・装飾プリント、3次元CAD、
３Ｄプリンタなどを活用)、材料・金型・測定の知識など

成形機は、日本製鋼所、ニイガタマシンテクノ、住友重機械工業など
プラスチック成形品２次加工用デザインソフト、UV プリンタなどを導入。

卒業時には、成形技能検定３級程度の知識、技能の習得を目指します。
なりたて社会人の研修にも使われています。年齢制限はありません。
個人負担は、教科書と作業着代を合わせて６カ月で 20,000 円ほどです。

見学は事前に連絡を頂ければいつでも可能です。

好評の卒業生の求人も
随時受け付けています。

東京都立中央・城北職業能力開発センター板橋校
プラスチック成形・デザイン科
〒174-0041　東京都板橋区舟渡 2-2-1（JR 埼京線浮間舟渡駅　徒歩３分）
電話　03-3966-4131
ホームページは「東京都職業板橋校」または以下で検索してください。
「https://www.hataraku.metro.tokyo.lg.jp/vsdc/itabashi/index.html」で

"いいものづくり"が
私達の仕事です!!
成形女子こはく
三光出版社より　成形女子こはく 1〜3巻　好評発売中
成形業界初のマンガ　新入社員教育に採用されています